Cheick Abdrahamane Kassibo

Stabilité interne de la gralométrie des aggregats routiers

AF198147

Cheick Abdrahamane Kassibo

Stabilité interne de la gralométrie des aggregats routiers

Influence de la granulométrie sur le comportement des agrégats routiers naturels (Grave non traitée)

Presses Académiques Francophones

Impressum / Mentions légales
Bibliografische Information der Deutschen Nationalbibliothek: Die Deutsche Nationalbibliothek verzeichnet diese Publikation in der Deutschen Nationalbibliografie; detaillierte bibliografische Daten sind im Internet über http://dnb.d-nb.de abrufbar.

Information bibliographique publiée par la Deutsche Nationalbibliothek: La Deutsche Nationalbibliothek inscrit cette publication à la Deutsche Nationalbibliografie; des données bibliographiques détaillées sont disponibles sur internet à l'adresse http://dnb.d-nb.de.

Coverbild / Photo de couverture: www.ingimage.com

Verlag / Editeur:
Presses Académiques Francophones
ist ein Imprint der / est une marque déposée de
OmniScriptum GmbH & Co. KG
Heinrich-Böcking-Str. 6-8, 66121 Saarbrücken, Deutschland / Allemagne
Email: info@presses-academiques.com

Herstellung: siehe letzte Seite /
Impression: voir la dernière page
ISBN: 978-3-8381-7116-6

1

STABILITÉ INTERNE DE LA GRANULOMÉTRIE

DES AGRÉGATS ROUTIERS

CHEICK ABDRAHAMANE KASSIBO

DECEMBRE 2003

À Dieu, pour m'avoir permis de réaliser cette œuvre.

À mon épouse Sira et mon fils Ibrahim, pour toute la souffrance qu'ils ont enduré pendant ces années d'absence; merci pour votre compréhension et votre soutien. Ce travail vous est entièrement dédié.

À tous mes parents.

Remerciements

A l'endroit de M. Jean Lafleur, j'adresse mes sincères remerciements et ma profonde reconnaissance, pour m'avoir permis de réaliser ce projet de recherche. La disponibilité dont vous avez su faire preuve ainsi que votre esprit de bonne collaboration ont été des éléments positifs qui ont permis la bonne marche de ce projet de recherche.

Je profite de l'occasion pour remercier les autres professeurs du département, en particulier M. Silvestri Vincenzo, tous mes collègues ainsi que le personnel du laboratoire de géotechnique.

Résumé

La forme de la courbe granulométrique affecte la stabilité interne des agrégats routiers. L'étude de la stabilité de 5 agrégats de compositions granulométriques différentes et admises dans le fuseau du Ministère des transports du Québec (MTQ) permet de mieux comprendre leur comportement en filtration.

Ce comportement est lié au rapport de rétention R_R qui met en relation le diamètre indicatif d_I du matériau filtrant avec l'ouverture de filtration O_F du matériau qui doit le filtrer. Il se traduit dans certains cas par une instabilité granulométrique suite à la mobilité des particules fines (suffosion) qui se seraient accumulées à l'interface avec un matériau plus grossier filtrant, réduisant la perméabilité à ce niveau (colmatage externe du filtre). La suffosion peut accélérer la vitesse de détérioration des fondations routières et par conséquent en influencer la durabilité.

Lors de l'approche expérimentale, nous avons évalué deux aspects complémentaires de la filtration : celui des modifications à la granulométrie (réarrangement des particules) et celui des variations locales de conductivité hydraulique alors que les seules forces qui agissent sont limitées à celles d'écoulement d'eau et de pesanteur. Elle a mis à l'évidence le comportement instable de certaines compositions granulométriques.

De façon à isoler le mécanisme de filtration de ces différents agrégats et leur comportement sous l'influence des forces perturbatrices, un programme d'essais a été entrepris en modélisant le matériau filtrant par un tamis d'ouvertures variables suivant les différentes combinaisons et les agrégats ont été reconstitués à partir de courbes prédéfinies.

Abstract

The shape of the grading curve affects the internal stability of road aggregates. The study of the stability of 5 aggregates with grain-size distributions in the limits specified by the Ministry of Transport of Quebec (MTQ) makes it possible to understand their behavior in filtration.

This behavior is related to the retention ratio R_R which relates the indicative diameter d_I of filter material with the opening of filtration O_F of the filter material. It is translated in certain cases by granulometric instability (suffusion) following the mobility of fine particles which would have accumulated at the bases filters interface, reducing the permeability at this level (blinding). Suffosion can accelerate the rate of deterioration of road foundations and consequently influence its durability.

In the experimental approach we evaluated two complementary aspects of filtration: modifications to granulometry (rearrangement of the particles) and local variations of hydraulic conductivity when the only acting forces are those of flow of water and gravity. The unstable behavior was evidenced on some grain-size distributions.

In order to isolate the filtration mechanisms of these various aggregates and their behavior under the influence of the disturbing forces, a test routine was undertaken by modeling filter material by a sieve of variable openings according to the various combinations and the aggregates were reconstituted starting from preset curves.

TABLES DES MATIÈRES

LISTE DES TABLEAUX

LISTE DES FIGURES

LISTE DES SIGLES ET ABRÉVIATIONS

A	Aire de la cellule en cm^2
$\bar{C}_i$	Couche i, i = 1 à 5
C_c	Coefficient de courbure
C_u	Coefficient d'uniformité
D_{10}	Diamètre des grains (en mm) correspondant à 10% de passants en poids
D_{30}	Diamètre des grains (en mm) correspondant à 30% de passants en poids
D_{60}	Diamètre des grains (en mm) correspondant à 60% de passants en poids
d_I	Diamètre indicatif en mm
Δi	indique la différence entre le pourcentage (%) de passants après l'essai de perméabilité et le pourcentage (%) de passants avant l' essai de perméabilité
ΔH_o	Tassement total mesuré (mm)
ΔHc	Tassement dû au compactage (mm)
ΔH_{cal}	Tassement total calculé par la méthode de Laleur et al.

ΔH_{mes}	Tassement total mesuré à la fin de l'essai
F	pourcentage de particules de diamètre inférieur à D
ε	Pourcentage de tassement en %
H_0	Hauteur initiale de l'échantillon (mm)
i	Gradient
k	Conductivité hydraulique en m/s
k_{fm}	perméabilité moyenne initiale
k_{om}	Perméabilité moyenne finale
k_{pm}	Plus faible valeur moyenne de conductivité hydraulique en m/s
M_p	Masse de passant par unité d'aire de filtre en g/m^2
M_{inf}	Masse de sol dont le diamètre est inférieur à l'ouverture
M_{cal}	Masse de passant par unité d'aire calculée par la méthode de Lafleur et al.
M_{inf}	Masse de passant par unité d'aire mesurée à la fin de l'essai
MTQ	Ministère des Transports du Québec
O_F	Ouverture du filtre en mm
P1	Pourcentage en masse de particules de la base de diamètre inférieur à l'ouverture de filtre en %
P_p	Coefficient de migration
$\rho_{initial}$	Densité sèche du sol initial en kg/m^3
ρ_{final}	Densité sèche du sol après l'essai de percolation en kg/m^3

R_R Rapport de rétention

T   Température de l'eau au cours de l'essai en °C

LISTE DES ANNEXES

Chapitre 1

Introduction

À l'interface de matériaux de granulométries différentes, on définit la base comme étant le matériau plus fin à filtrer par un matériau plus grossier. L'ouverture du filtre doit être suffisamment petite pour retenir les particules de la base; par contre, elle doit être suffisamment grande pour faciliter l'évacuation de l'eau sans pertes de charges. Un facteur important dans la filtration des couches de sol est le rapport de rétention qui met en relation l'ouverture de filtration avec le diamètre indicatif de la base.

Les propriétés géotechniques des agrégats qui constituent la structure des chaussées influent amplement sur leur comportement à court et long terme. Ceci nous amène à introduire la notion de stabilité granulométrique qui est la capacité d'une fondation routière à prévenir la migration interne de ses particules fines sous l'effet de l'écoulement, de la force de pesanteur et des sollicitations dynamiques introduites par le trafic. Certaines compositions granulométriques comprises dans le fuseau du MTQ sont telles que les particules fines ne peuvent être retenues à l'intérieur de la même masse de sol par le squelette formé par les particules plus grossières. Dans cette catégorie on retrouve les sols à granulométrie discontinue (grap-graded soil) et les sols avec une fraction de fines instables, caractérisés par une courbe granulométrique étalée où très étalée avec une courbure concave vers le haut.

Une granulométrie stable est celle qui en plus d'avoir une bonne drainabilité (capacité de pouvoir évacuer toute eau libre en son sein) doit pouvoir conserver cette qualité dans le temps. Cette stabilité lui confère le pouvoir d'empêcher que ses particules fines soient entraînées et accumulées à l'interface base filtre. Les sols suffosifs sont caractérisés par la mobilité et l'accumulation des particules fines à l'interface, réduisant ainsi la conductivité hydraulique dans la couche de sol en contact avec le filtre.

Il existe plusieurs types de comportement en filtration : l'autofiltration propre aux matériaux stables, le lessivage où entraînement d'un grand nombre de particules fines et le colmatage externe propre aux matériaux instables.

1.1 Définitions des termes

1.1.1 Érosion interne

Par opposition à l'érosion externe, c'est le mouvement des particules d'un sol sous l'influence des forces de viscosité générées par un écoulement au sein de cette masse de sol. Ce mouvement peut aussi se produire près d'une interface de sols de granulométries différentes.

1.1.2 Filtration

Le but de la filtration en géotechnique est de permettre le passage du fluide tout en préservant la dégradation du sol par les forces hydrauliques dues à l'écoulement du fluide.

1.1.3 Autofiltration

Cette propriété est caractéristique des matériaux stables. Elle leur confère suite à une stabilisation, la capacité de maintenir les particules fines à l'intérieur de la masse de sol formée par le squelette de particules plus grossières. Elle se manifeste par une accumulation de particules grossières à l'interface entre la base et le filtre au fur et à mesure que les fines sont emportées à travers le filtre. Ces matériaux grossiers retiennent à leur tour ceux plus fins et plus étalés et ainsi de suite jusqu'à la stabilisation du mélange. Les fines sont entraînées jusqu'à la stabilisation.

1.1.4 Suffosion

La suffosion est un phénomène d'instabilité caractérisé par la mobilité des particules fines du sol à l'intérieur des vides de la structure formée par les plus grosses particules. Les sols suffosifs comportent habituellement une granulométrie étalée dans la portion inférieure de leur courbe granulométrique.

1.1.5 Rapport de rétention

Le rapport de rétention R_R proposé par Lafleur et al. (1989), est défini comme le quotient du diamètre d'ouverture de filtration O_F sur le diamètre indicatif du sol d_I :

$$R_R = O_F / d_i$$

(1.1)

1.2 Phénomènes

Plusieurs auteurs ont étudié ces phénomènes : Austin et al. (1997), Lafleur (1999) et Rollin et Lombard (1988). Les types de comportement en filtration observés par ces auteurs sont le lessivage, la formation d'une structure stable à l'interface avec pontage ou formation d'arches et le colmatage externe du filtre avec les sols suffosifs.

Ces différents phénomènes sont liés au rapport de rétention. Ils peuvent être accompagnés d'un affaissement dont l'amplitude dépendra de l'étalement des matériaux et du diamètre d'ouverture du filtre, donc du rapport de rétention.

• Lessivage pour $R_R \gg 1$

Il est caractérisé par le passage d'une quantité inacceptable de sol à travers le filtre, ce qui entraîne une condition d'instabilité. Le lessivage des particules fines provoque en premier lieu l'augmentation de la perméabilité locale du sol directement en contact avec le filtre pour occasionner ensuite l'augmentation graduelle de la perméabilité du système en fonction du temps. Ce phénomène peut se produire lorsque les ouvertures des pores du matériau filtrant sont trop grandes par rapport aux dimensions du sol à filtrer. Le rapport de rétention R_R est beaucoup plus grand que l'unité. A l'équilibre, la perméabilité du système tend vers la perméabilité du filtre dans le cas des sols suffosifs où vers l'infini dans le cas dans lessivage complet. La figure 1.1 donne les changements de granulométrie et de perméabilité du système après le lessivage

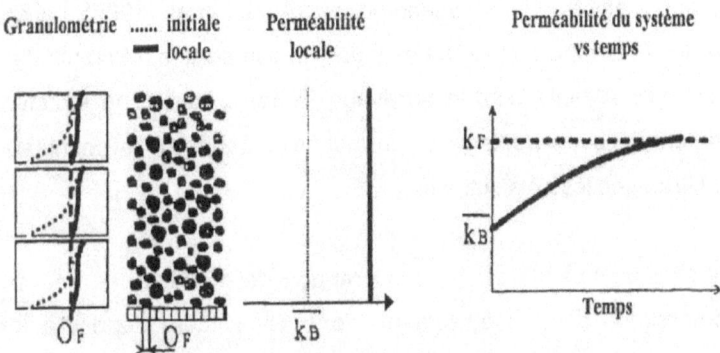

Figure 1.1: variation de la granulométrie et de la perméabilité du système (Tirée de Lafleur, 1999)

● **Structure avec pontage ou formation d'arche pour $R_R \approx 1$**

Cette structure s'établit lorsque le filtre provoque à l'interface base-filtre la formation d'une couche filtrante, on parle d'autofiltration. Ce mécanisme fait suite à l'évacuation des particules plus petites que l'ouverture du filtre situées à l'interface base filtre sous l'influence des forces d'écoulement d'eau et de pesanteur. Au fur et à mesure que ces particules sont transportées à travers le filtre, les particules plus grossières migrent vers le filtre pour être éventuellement arrêtées par ce dernier. Ces grains grossiers sont mis en contact les uns sur les autres graduellement et retiennent à leur tour les particules de dimensions moyennes qui retiennent à leur tour d'autres particules plus petites et ainsi de suite jusqu'à la stabilisation du mélange.

Avec le lessivage des particules fines près de l'interface, la formation d'arches augmente la perméabilité locale de cette couche. L'épaisseur de cette couche inférieure de sol serait fonction du rapport de rétention R_R et du coefficient d'étalement de la base. A l'équilibre, la perméabilité du système demeure constante et reste inférieure à celle du filtre mais supérieure à celle du sol initialement. La figure 1.2 illustre cette variation de la perméabilité et la structure du sol à l'amont du filtre lors de la formation d'une structure avec pontage. Cette structure peut se former lorsque le rapport de rétention R_R est voisin de l'unité et le diamètre d'ouverture de filtration a une valeur semblable à celle du diamètre indicatif du sol d_l.

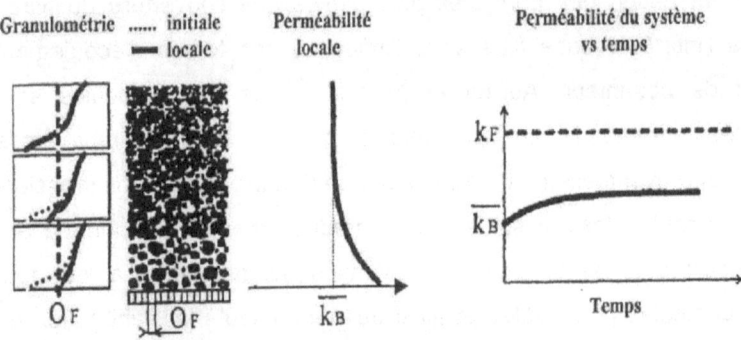

Figure 1.2: Structure avec pontage de sol (Tirée de Lafleur, 1999)

• **Le colmatage externe du filtre pour R$_R$ << 1**

Il se produit lorsque l'ouverture du filtre est trop petite pour permettre aux particules fines du sol de passer à travers le filtre. Les particules fines qui peuvent se déplacer entre les particules plus grossières du sol sont entraînées et accumulées à l'interface base filtre réduisant ainsi la perméabilité locale à ce niveau suite à un colmatage externe. En plus de former une couche beaucoup moins perméable à l'interface, les pertes de charges sont aussi considérables à cet endroit. La figure 1.3 illustre la distribution granulométrique et la perméabilité des différentes couches de sol suite au colmatage externe des sols suffosifs. Le rapport de rétention est plus petit que l'unité.

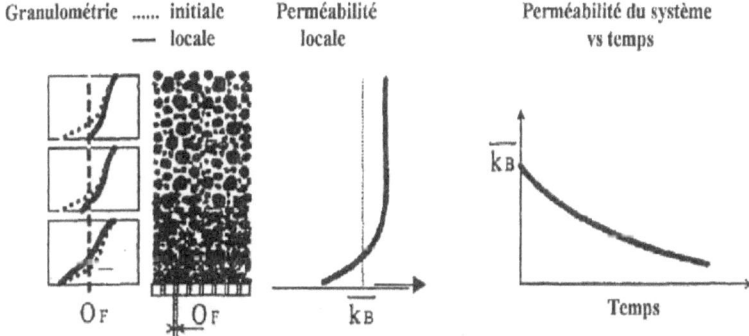

Figure 1.3: variation de la granulométrie et de la perméabilité (Tirée de Lafleur, 1999).

Le comportement en filtration caractérise la susceptibilité des sols granulaires à la suffosion qui est à son tour liée à la forme de la courbe granulométrique et à l'ouverture du filtre. L'utilisation des matériaux à granulométrie étalée et concave peut poser un problème qui n'a jamais été considéré dans la construction routière quand on sait que ces matériaux peuvent être susceptibles à l'érosion interne.

Les essais de Lafleur et al (1989) ont montré que la taille des particules favorisant la rétention des sols sans cohésion d_l correspond sur la figure 1.4 à :

$d_l = d_{85}$ pour les sols uniformes

$d_l = d_{50}$ pour les sols à granulométrie étalée et linéaire

$d_l = d_{30}$ pour les sols à granulométrie concave vers le haut

$d_I=d_G$, d_G étant le diamètre de la portion inférieure de la discontinuité de la courbe granulométrique d'un sol à granulométrie discontinue.

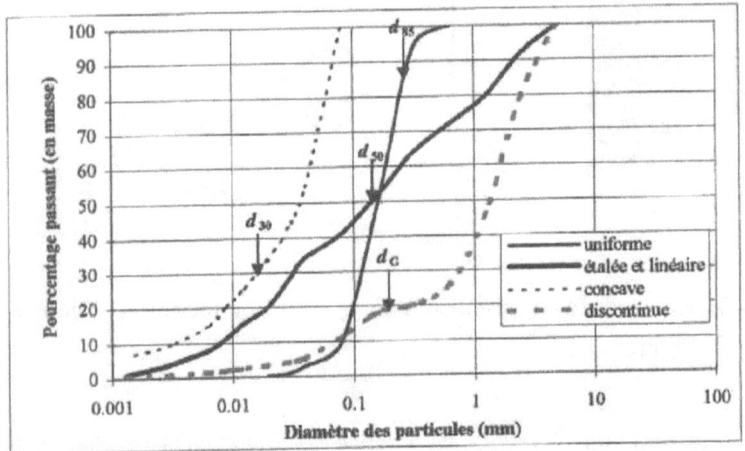

Figure 1.4: profils de courbes granulométriques

La figure1.5 illustre le modèle théorique proposé par Lafleur et al. (1989) pour évaluer la masse de sol passant à travers le filtre et l'épaisseur de la couche de sol affectée par le mécanisme d'autofiltration. Cette étude sur les sols sans cohésion et à granulométrie étalée avait pour but d'étudier l'impact du profil de la courbe granulométrique sur la migration des particules fines d'un sol. Les paramètres considérés dans ce modèle sont: la masse de passant par unité d'aire, M; le tassement résultant de la perte des particules ΔH et la hauteur d'autofiltration de la base à l'équilibre, H_{SF}. Les résultats des essais en laboratoire ont montré que les variables M et H_{SF} sont affectées par le profil de la courbe granulométrique et le coefficient d'étalement du sol C_B qui représente l'intervalle des particules susceptibles d'être entraînées par l'écoulement à travers le filtre. Le coefficient d'étalement C_B est le quotient de l'ouverture de filtration réelle du filtre O_F' par la taille minimale des particules d_0.

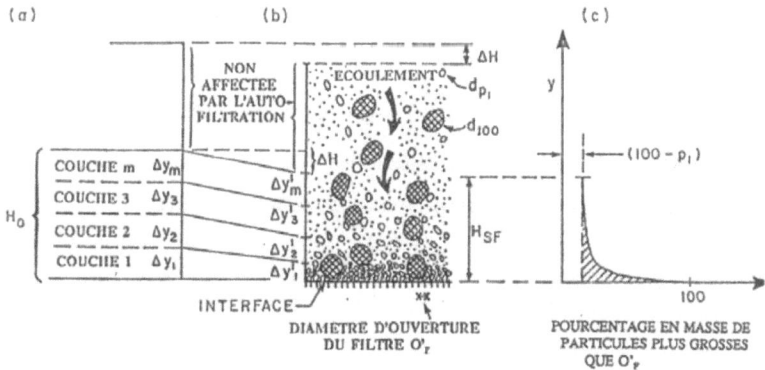

Figure 1.5 : Modèle proposé par Lafleur et al. (1989) pour évaluer la migration interne des particules fines d'un sol sans cohésion à granulométrie étalée.

La distribution en dimension des particules, la quantité des particules passantes et le tassement résultant ont été estimés en divisant une hauteur de la base en m couches successives (Δy_j, $j = 1,....m$) d'épaisseur égale à d_{100} ou m représente le nombre de couches affectées par la migration et qui constituent la zone autofiltrante. Trois hypothèses ont été formulées :

a) la dimension des pores entre les particules filtrantes de chaque couche est égale au diamètre minimum des ces particules divisé par le rapport de rétention R'_R, défini comme le rapport entre le diamètre caractéristique de la couche filtrante et l'ouverture réelle O'_F des constrictions de cette couche ;

b) toutes les particules de diamètre inférieur à la dimension des constrictions sont entraînées ;

c) la densité sèche du sol demeurant dans chaque couche est égale à la densité sèche du mélange initial.

La masse des particules de la couche 1 de diamètre inférieur à O'_F a été estimée comme étant le produit de la densité sèche du mélange ρ_D par la diminution de volume par unité d'aire de la première couche (ΔH_1).

$$M_1 = \rho_D . \Delta H_1$$

(1.1)

La hauteur de stabilisation, $\Delta y'_1$, de la couche 1 peut être calculée comme suit :

$$\Delta y'_1 = \Delta y'_1 . (100 - P1) / 100$$

(1.2)

P_1 est le pourcentage des particules de la base de diamètre inférieur à l'ouverture réelle du filtre.

En supposant le terme R'_R (qui représente le rapport entre les dimensions réelles d'ouverture de filtration de deux couches successives) constant, le nombre de couches affectées par la migration est donné par :

$$m = |\log CB / \log R'R|$$

(1.3)

La hauteur totale de sol affectée par la migration des particules H_o, le tassement associé à cette migration ΔH sont ainsi calculés par les équations suivantes :

$$Ho = m.\, d_{100}$$

(1.4)

$$\Delta H = d_{100}.\sum_{j=1}^{m} (Pj / 100)$$

(1.5)

P_j est le pourcentage en masse des particules de la couche j de diamètre inférieur à $dP_1 / (R'_R)^i$ avec $i = j - 1$ et d_{P1}, la dimension des particules demeurant dans la couche adjacente au filtre. Celle-ci est égale à l'ouverture réelle de ce dernier, en supposant que toutes les particules de diamètre inférieur vont être lessivées.

Ces données ont permis de quantifier la masse de sol passant à travers le filtre délimitant la stabilité des systèmes étudiés. Cette quantité a été évaluée à 2500 g/m^2.

$$M = \rho_D . \Delta H$$

(1.6)

Le pourcentage des particules de diamètre inférieur à l'ouverture de filtration réelle est présenté en fonction de la distance à partir de l'interface sur la figure 1.5. Cette courbe peut être utilisée pour déterminer graphiquement la hauteur d'autofiltration.

$$H_{SF} = H_o - \Delta H$$

(1.7)

Le comportement en filtration caractérise la susceptibilité des sols granulaires à la suffosion qui est à son tour liée à la forme de la courbe granulométrique. L'utilisation des matériaux à granulométrie étalée et concave vers le haut peut poser un problème qui n'a jamais été considéré dans la construction routière quand on sait que ces matériaux peuvent être susceptibles à l'érosion interne.

1.3 Propriétés hydrauliques des fondations routières

Les propriétés hydrauliques des matériaux granulaires composant la structure des chaussées doivent être nécessairement déterminées pour optimiser le drainage routier. À l'intérieur d'un matériau granulaire, il peut se trouver des particules libres qui peuvent se déplacer. Cette mobilité est fonction de la forme de la courbe granulométrique, de la densité du matériau, de l'importance des écoulements d'eau, des forces de pesanteur et de la vibration. Elle affecte la conductivité hydraulique selon que les particules fines se soient accumulées à l'interface où qu'elles soient entraînées à travers le filtre où qu'elles provoquent un colmatage externe de ce dernier.

Le critère granulométrique influe sur les propriétés hydrauliques des fondations routières et semble celui qui quantifie le mieux le potentiel d'un matériau à l'érosion interne si l'on se réfère aux travaux déjà réalisés sur la stabilité des matériaux granulaires. Si elle est présente dans une fondation routière, l'eau en affecte la stabilité. Une fondation routière, en plus des bonnes caractéristiques mécaniques, devrait avoir et préserver dans le temps une bonne drainabilité pour évacuer toute eau libre en son sein. Les problèmes mécaniques qui affectent les fondations routières ont presque toujours comme origine des problèmes hydrauliques.

La stabilité granulométrique est un critère à prendre en compte pour optimiser les caractéristiques hydrauliques des matériaux routiers. Elle fait ressortir l'aptitude des matériaux routiers à l'autofiltration, à la suffosion, au lessivage et à l'érosion interne en regard d'un système de drainage interne. L'eau présente dans les fondations routières provient des précipitations atmosphériques (pluie ou neige) ou la présence d'une nappe phréatique sous-jacente. Cette eau peut s'infiltrer dans la chaussée par les fissures, les migrations latérales (à partir des accotements), les remontées d'eau par capillarité, etc...

Les infiltrations possibles d'eau dans une chaussée sont assez nombreuses et il est pratiquement impossible de les empêcher. Il apparaît donc important de concevoir des chaussées dotées d'une capacité d'évacuation efficace et rapide d'eau en leur sein. La durée de vie d'une chaussée est intiment liée à cette capacité d'évacuer toute eau libre en son sein et ce temps doit être réduit le plus possible. La présence d'eau dans les fondations routières est un facteur qui affecte la performance des chaussées. Pour étudier le temps de migration d'eau dans la chaussée, les propriétés hydrauliques des matériaux granulaires composant chacune des couches de chaussée doivent être suffisamment connues. La conductivité hydraulique des matériaux granulaires utilisés dans la structure de chaussée dépend de plusieurs facteurs: la granularité (dimension des grains), le pourcentage des particules fines et leur nature, l'étalement de la courbe granulométrique, sa forme, le degré de compactage et dans une moindre mesure l'angularité des grains. La variation de la perméabilité est attribuable principalement au pourcentage des particules fines et à leur nature ainsi qu'à l'étalement de la courbe granulométrique.

Dans le cadre des développements en drainage des chaussées à Transport Québec, Savard (1996) a conduit des études sur une série de courbes granulométriques afin de caractériser le fuseau granulométrique des matériaux de fondation. Les conductivités hydrauliques mesurées à l'intérieur du fuseau granulométrique de la fondation varient de façon appréciable, soit entre10^{-5} m/s et 10^{-9} m/s. La variation de la perméabilité d'après ses analyses serait attribuable principalement au pourcentage des particules fines et à l'étalement de la granulométrie. Quant aux matériaux de sous fondation, pour compléter l'analyse, des essais complémentaires de perméabilité et de capillarité ont été réalisés aux régions limites de distributions granulométriques. La synthèse de tous ces essais de perméabilité sur les matériaux granulaires a montré d'une façon générale que la perméabilité varie entre 10^{-5} m/s et 10^{-7} m/s. Les sables uniformes sont généralement 10 fois plus perméables (10^{-5} m/s à 10^{-6} m/s) que les mélanges granulaires étalés (10^{-6} m/s à 10^{-7} m/s). Toutefois, les mélanges granulaires étalés qui ont un faible pourcentage de particules fines ont une perméabilité semblable à celle des sables uniformes. La présence de particules argileuses est très néfaste sur la perméabilité des matériaux granulaires, la perméabilité pouvant diminuer à des valeurs aussi faibles que 10^{-7} cm/s. Ainsi, à travers ces séries d'essai sur les matériaux granulaires des fondations routières dont les courbes sont admises dans le fuseau du MTQ, l'influence du pourcentage des particules fines et l'étalement de la granulométrie sur la perméabilité des matériaux granulaires ont été mis en évidence. Signalons toutefois que les essais de perméabilité ainsi réalisés l'ont été à charge constante en condition saturée. Ces conditions d'essai ne reflètent pas les conditions réelles de drainage, ce qui affecterait les valeurs de conductivité hydraulique qu'ils ont obtenues.

Les travaux de Lafleur et al (2003) ont porté sur la drainabilité des agrégats routiers relative à l'utilisation des géosynthétiques. Le programme d'essais qu'ils ont entrepris à l'École Polytechnique consiste à simuler par éléments finis l'évaluation des avantages suite à l'implantation d'un écran drainant géocomposite en rive d'une autoroute comportant des fossés latéraux. Cette analyse a révélé que l'écran drainant agit comme une barrière verticale à la migration d'eau de l'accotement vers la piste de roue externe. De façon adverse cependant, l'écran drainant peut empêcher l'évacuation latérale de l'eau qui s'est infiltrée à travers les fissures dans la couche de surface de la voie de roulement. Dans l'article, ils ont montré la nécessité de tenir compte du fait que les matériaux sont compactés à la teneur en eau optimum et que les pressions d'eau interstitielle viennent en équilibre avec le régime hydrique environnant. Dans ces conditions, ils demeurent saturés ou non à pression interstitielle négative et leur conductivité hydraulique peut diminuer de plusieurs ordres de grandeur.

1.4 Objectifs de la présente étude

La mobilité des particules fines d'un agrégat routier est fonction de la forme de sa courbe granulométrique, de la densité du matériau, de l'importance des écoulements d'eau, de la force de pesanteur et des vibrations induites par le trafic. Cette mobilité a une grande influence sur le comportement en filtration caractérisé par le rapport de rétention et peut se traduire par un lessivage ou un colmatage externe du sol par accumulation des particules fines à l'interface avec le matériau qui doit le filtrer, s'il est suffosif. La perte par lessivage suite l'incapacité d'empêcher le déplacement des particules fines d'un matériau granulaire se traduit par une modification de la structure initiale de base, modification qui est à l'origine de la formation de cavités et d'affaissement de surface. Le présent travail consiste à tester différentes bases (de compositions granulométriques différentes et incluses dans le fuseau du MTQ) à travers des essais de compatibilité pour comprendre à travers leur comportement en filtration, leur susceptibilité à la suffosion. A partir des mesures de perméabilité locale et des changements observés dans leur composition granulométrique (après l'essai de compatibilité), nous essayons de juger de l'aptitude de ces bases à prévenir la perte de leurs particules fines.

Chapitre 2

Revue de la littérature

2.1 Filtration inter-couches

Les critères de filtre reposent sur l'idée maîtresse que les particules de sol à protéger par le filtre ne doivent ne doivent pas passer au travers des vides formés par les matériaux du filtre sous l'action de l'écoulement d'eau, des vibrations éventuelles et de la force de pesanteur. Il existe plusieurs critères de filtre établis pour les matériaux granulaires. L'un des premiers est le critère de Terzaghi (1948) qui met en rapport D_{15} des matériaux du filtre et le d_{85} des matériaux du sol à protéger :

$$D_{15}/d_{85} < 4.$$

Le critère de Terzaghi a été confirmé et complété par les études de Sherman (1953, cité par Lafleur, 1984) :

$$D_{50}/d_{50} < 25;$$

a) si $C_u < 1,5$ $D_{15}/d_{85} < 6$ et

$$D_{15}/d_{15} < 20;$$

b) si $C_u < 4,0$ $D_{15}/d_{85} < 5$ et

$$D_{15}/d_{15} < 40;$$

c) si $1,5 < C_u < 4,0$ $D_{15}/d_{85} < 5$ et

$$D_{15}/d_{15} < 20.$$

Le terme C_u est le coefficient d'uniformité de la couche à protéger. Les critères faisant intervenir les rapports D_{15}/d_{85} et D_{50}/d_{50} permettent d'assurer la stabilité à l'érosion interne alors que le rapport D_{15}/d_{15} permet d'assurer une conductivité hydraulique plus élevée dans la couche adjacente. Une étude effectuée sur des sables uniformes par Leatherwood et Peterson (1954) a ajouté un raffinement au critère déjà existant :

$$D_{50}/d_{50} < 5,3 \text{ et}$$

$$D_{15}/d_{85} < 4,1.$$

Les études réalisées par Karpoff sur des sables bien gradués (1955, cité par Lafleur, 1984) ont établi des nouveaux critères de filtre :

$$12 < D_{50}/d_{50} < 58 \text{ et}$$

$$12 < D_{15}/d_{85} < 40.$$

D'après les travaux de Sherard (1981, 1984) l'instabilité interne de certains sols à granulométrie étalée serait due à l'incompatibilité de la portion des particules fines de ces sols avec celle des particules grossières en filtration. La courbe granulométrique est divisée en deux portions, une partie grossière et une partie fine. Le diamètre D_{15} de la partie grossière (D_{15c}) et d_{85} de la partie fine (d_{85f}) sont déterminés. Le degré d'instabilité pour cette division particulière est :

$$I_r = D_{15c}/d_{85f}.$$

Les mélanges testés sont jugés stables si $I_r < 5$. Le degré d'instabilité ne pourrait être significative physiquement que si la portion des fines dans le mélange est inférieur à 50%. La valeur de I_r doit être supérieure à 5 pour que les sols cohérents soient stables. Ces critères devraient être pris en compte lors du design des fondations routières pour éviter que les particules de la fondation supérieure (couche de base) ne passent au travers de la fondation inférieure (couche de fondation) et que les matériaux de la fondation inférieure ne passent dans la sous-fondation (sous-couche).

Signalons cependant que la vérification de ces différents critères révèle une insuffisance pour juger de la stabilité interne des sols granulaires bien qu'ils tiennent compte de la stabilité à l'érosion interne.

Chapuis et al (1994) ont mené une série d'expériences sur des matériaux 0-20 mm afin d'étudier la ségrégation. A la suite de ces travaux ils ont trouvé que même si certains matériaux respectaient les critères granulométriques pour la filtration inter-couche définis ci haut, le critère de mobilité des fines n'était pas respecté. Les critères de filtration inter-couche ne tiennent pas compte du critère de suffosion qui est à l'origine du colmatage externe du filtre.

2.2 Filtration intra couche

L'idée maîtresse est que les particules fines soient retenues à l'intérieur de la masse de sol formée par les particules plus grossières. Il existe aussi à ce niveau plusieurs critères élaborés par les chercheurs.

2.2.1 Travaux de Kezdi (1969)

Kezdi fût l'un des premiers à s'intéresser à la susceptibilité à l'érosion interne par analyse de la forme de la courbe granulométrique. Sa méthode pour la vérification de la stabilité consiste à couper la courbe granulométrique en une partie fine et une partie grossière. En se référant au critère de Terzaghi, cette méthode stipule que le rapport entre le D_{15} de la partie grossière et le d_{85} de la partie fine obtenue à l'issue de la coupure doit être inférieur à 4 et ce, quelque soit l'endroit de cette coupure.

Sherard (1979) a développé une méthode similaire à celle de Kezdi. Après avoir divisé la courbe granulométrique en deux parties, il a défini le degré d'instabilité, Ir, comme le rapport entre D_{85} de la partie grossière et d_{15} de la partie fine et doit être inférieur à 5.

2.2.2 Travaux de Kenney et Lau (1985)

Kenney et Lau ont étudié la stabilité interne des filtres granulaires et proposé une méthode graphique servant à évaluer le potentiel d'instabilité des grains de sol à partir de leur courbe granulométrique. Ils ont réalisé une série d'essais de perméabilité sur différentes bases non cohérentes et compactées. Pour évaluer le potentiel d'instabilité granulométrique, ils font correspondre pour chaque diamètre de particules fines, le pourcentage de particules de diamètre inférieur à un diamètre D, appelé F, au pourcentage de particules de diamètre compris entre D et 4D, appelé H. Ils ont ainsi noté que la forme de courbe granulométrique affectait plus la stabilité granulométrique que l'état de densité et de sévérité des forces perturbatrices. Une valeur faible de H par rapport à F est indicatrice de l'instabilité du sol si l'on sait qu'une carence en particules compris entre D et 4D permet aux particules dont la taille est inférieure à D de circuler dans la structure formée par les particules de diamètre supérieur à D.

Les travaux de Lobochkov (1969) ont permis à Kenney et Lau de définir la droite limite H = F. Les valeurs limites de F pour les quelles la position de la courbe de stabilité par rapport à la droite limite H = F doit être considérée pour juger de la stabilité ou de l'instabilité d'un filtre granulaire, sont :

$0 \leq F \leq 30\%$ pour les sols à granulométrie uniforme ($C_u < 3$) et

$0 \leq F \leq 20\%$ pour les sols à granulométrie étalée ($C_u > 3$).

Ils ont cependant conclu que la meilleure façon d'évaluer le potentiel d'instabilité est de procéder à des essais de percolation.

Chapuis (1992) a démontré que les critères couramment utilisés pour évaluer l'instabilité interne des sols granulaires pouvaient prendre des expressions mathématiques semblables où la pente sécante de la courbe granulométrique indique le risque d'instabilité interne.

Les critères de jugement de stabilité granulométrique retenus dans le cadre de cette étude sont ceux de Kenney et Lau (1985).

2.3 Mémoires antérieurs

2.3.1 Travaux de Wendling (1985)

Wendling a étudié la stabilisation par autofiltration des sols modélisés à granulométrie étalée. Le but de ce travail était de mieux comprendre le phénomène d'autofiltration, les conditions nécessaires à son déclenchement et essayer de relier le pouvoir autofiltrant à la forme de la courbe granulométrique. A partir d'une base modélisée par des billes de verre et le filtre par un tamis, l'approche expérimentale qu'il a adoptée consistait à étudier le mouvement de ces bases ayant des courbes granulométriques différentes sous l'effet d'un gradient initial constant. A la suite de cette étude, il a conclu que la forme de la courbe granulométrique et la portion des particules fines avaient une influence sur la stabilisation par autofiltration qui ne serait possible que si le filtre retenait la portion des particules fines pour les courbes ayant une forte concavité. Dans ce cas, le diamètre caractéristique varie entre d_0 et d_{40}. Le comportement stable serait caractéristique des courbes convexes ou linéaires. Quant aux courbes présentant une discontinuité, l'ampleur du palier serait déterminante dans le processus de stabilisation par autofiltration. Pour un palier important on s'assurera de la stabilité de la partie fine et pour un palier restreint son influence serait négligeable s'il n'est pas situé dans la zone correspondant à l'ouverture du filtre. Le diamètre critique (au-dessus duquel il y a désordres) serait situé dans le changement des pentes ou de palier.

2.3.2 Travaux de Sakrani (1989)

Sakrani a étudié la filtration des sols à granulométrie étalée. En isolant le problème d'autofiltration et en l'analysant, il a vérifié le modèle proposé par Lafleur et al. (1989). Ainsi il a étudié le comportement de plusieurs combinaisons base-filtre sous l'effet des forces d'écoulement et de vibration pour essayer de suivre les étapes et les conditions de déclenchement du mécanisme d'autofiltration et ensuite déterminer les facteurs de stabilisation les plus importants qui influent sur la capacité autofiltrante.

A l'issue des ces travaux, Sakrani a noté l'influence de certains facteurs sur le mécanisme d'autofiltration qui sont : la forme de la courbe granulométrique, le diamètre d'ouverture du filtre, la forme des particules et l'état de densité.

Notons cependant que son approche expérimentale est pratiquement la même que celle décrite dans le présent projet avec quelques légères modifications (sans vibration dans notre cas et particules non sphériques seulement).

2.3.3 Travaux de Contant (1989)

Contant a travaillé sur l'amélioration de la longévité des chaussées souples par l'optimisation des propriétés hydrauliques des agrégats de fondation routière. Il se proposait ainsi de définir un fuseau granulométrique pour les matériaux ayant une stabilité (invariabilité dans le temps) des propriétés mécaniques et hydrauliques. Son étude a porté sur des graves de calibre 0-20 mm pour évaluer l'évolution du coefficient de conductivité hydraulique verticale en fonction des sollicitations dues au trafic et à l'écoulement et faire ressortir l'influence des modifications de granulométrie à la fin de l'essai de perméabilité, le phénomène de ségrégation, la migration des particules fines et la dégradation de la stabilité mécanique.

Suite à ces travaux, il a conclu que la forme de la courbe granulométrique semblait avoir un effet assez significatif sur le comportement des graves testées. Ainsi les graves qui avaient une forme linéaire présentaient une granulométrie stable et une bonne valeur de conductivité hydraulique $k \geq$ 7E-02 m/s, valeur minimale de conductivité hydraulique verticale et horizontale avancée par Ridgeway (1982) pour assurer qu'une fondation possède des bonnes aptitudes au drainage vertical et horizontal. Les graves ayant des courbes granulométriques concaves présentaient de nombreuses variations de conductivité hydraulique et de granulométrie.

Chapitre 3

Approche expérimentale

3.1 Procédure générale

L'approche expérimentale consiste à analyser la stabilité granulométrique de différentes bases de composition granulométrique prédéfinie. La méthode utilisée consiste à faire percoler l'eau à travers un mélange de sol (base reconstituée à partir de courbes granulométriques comprises dans les fuseaux du Ministère des Transports du Québec, pour le 20-0 et le 112-0). Ce mélange est placé en cinq couches dans une cellule cylindrique en plexiglas fermée à sa base par un tamis (dont le diamètre d'ouverture diffère suivant les bases) qui modélise le filtre (voir figure 3.1). Pour une courbe granulométrique donnée, la base est reconstituée en respectant les pourcentages de chaque tamisat déterminé à priori. Une masse totale de ±12000 g de tamisats secs ainsi préparés sont mélangés et auxquels on ajoute graduellement de l'eau dont la masse représente environ 3% du celle du sol afin d'éviter toute ségrégation. Les masses de sol mises dans la cellule après préparation varient d'une base à l'autre. Le mélange est malaxé ensuite à la main de façon à obtenir un mélange homogène. L'ensemble est placé dans un bac rempli d'eau. L'eau percole de haut en bas et l'essai est réalisé de sorte que les seules forces extérieures qui agissent soient limitées à celles de l'écoulement et de la pesanteur. La cellule est immergée dans l'eau et le sol est saturé par application d'un vide partiel (-10 kpa au maximum). On applique au sol un gradient constant de l'ordre de 10.

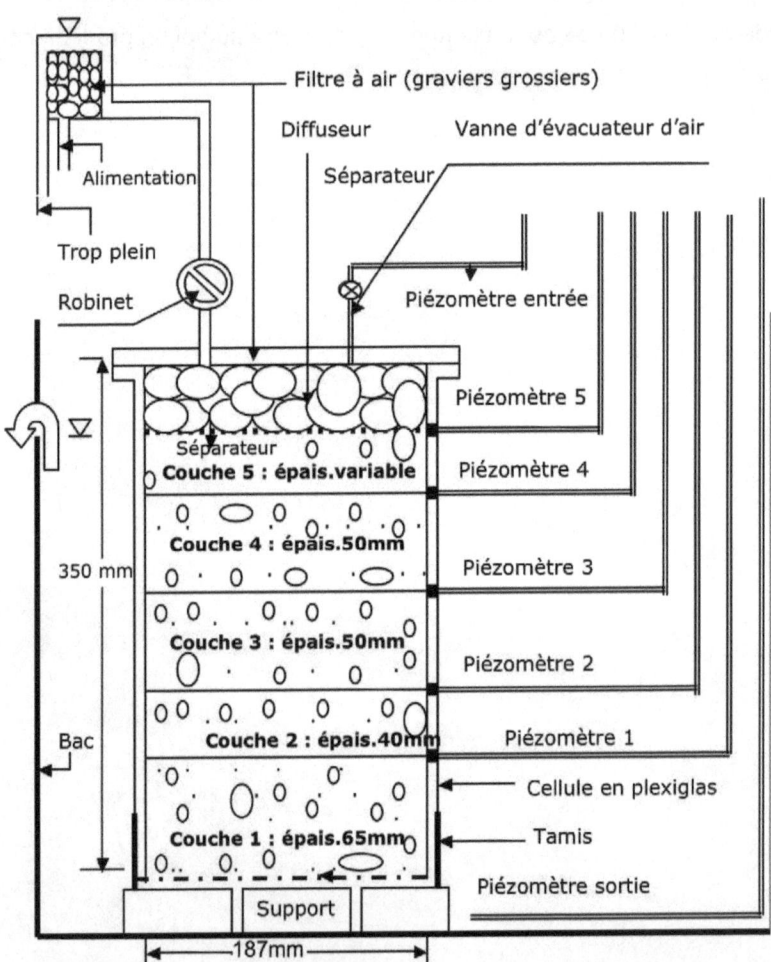

Figure 3.1: Schéma de l'appareillage

Les essais de granulométrie, les mesures de hauteur de l'échantillon, de densité sèche avant (par contrôle sur la hauteur de chaque couche) et après l'essai de percolation sont réalisés sur chaque base testée. La percolation dure environ deux heures et demie. Les charges de pression au niveau des différentes couches ainsi que les débits sont enregistrés toutes les dix (10) minutes. A la fin de l'essai, le sol ayant passé à travers le tamis est récupéré et mis à l'étuve en même temps que les différentes couches dont la récupération est rendue possible au démoulage de la base. Des piézomètres sont placés au niveau supérieur (arase) de chaque couche. Après une mise à l'étuve pendant au moins 24 heures, des analyses granulométriques sont effectuées sur les différentes couches afin de connaître les variations de la granulométrie (déplacement des fines).

A la suite de ces différentes analyses de granulométrie avant et après l'essai de percolation ainsi que les variations de la perméabilité locale constatées, nous quantifions l'érosion interne des ces différentes bases. Des mesures d'épaisseur totale et de densités sèches avant et après la percolation d'eau sont effectuées pour chaque base testée. Toutefois, la base mise en place sans compactage et aucune vibration n'a été appliquée à la cellule et les particules sont angulaires (non sphériques). La cellule préparée est immergée dans l'eau et on applique un vide d'environ -10 kpa pour enlever l'air contenu dans le sol. L'immersion a duré de 3 à 4 jours.

3.2 Bases testées

Le programme d'essais a consisté à tester les différentes bases reconstituées à partir de matériaux granulaires, tous inclus dans le fuseau du MTQ pour le 112 - 0, en combinaison avec différents tamis de laboratoire à mailles carrées agissant comme filtre d'ouverture connue sous condition de percolation. Les courbes sont données sur les figures 3.2 et la figure 3.3 indique que le matériau 15 - 28 est compris dans le fuseau 20 - 0. Le tableau 3.1 donne les différentes caractéristiques des différentes bases utilisées. La désignation des bases est comme suit : le premier chiffre indique le pourcentage de la portion de fines et le deuxième, le diamètre maximum des particules en mm ou en μm.

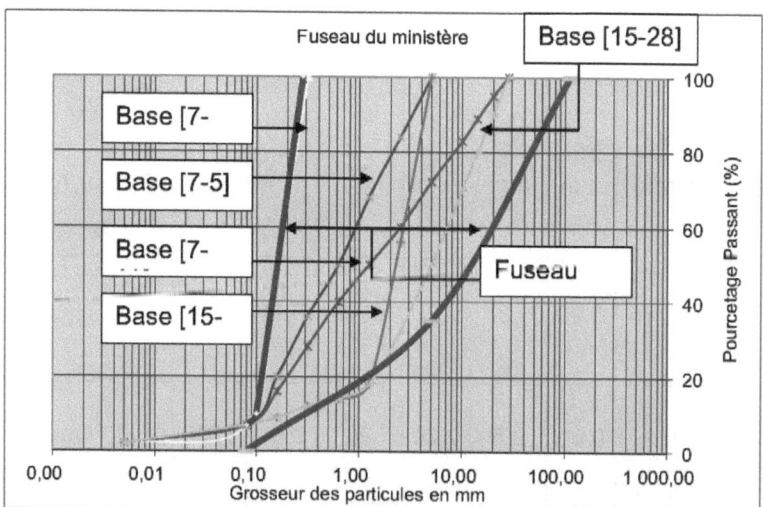

Figure 3.2: matériau 112-0: Fuseau du Ministère des Transports

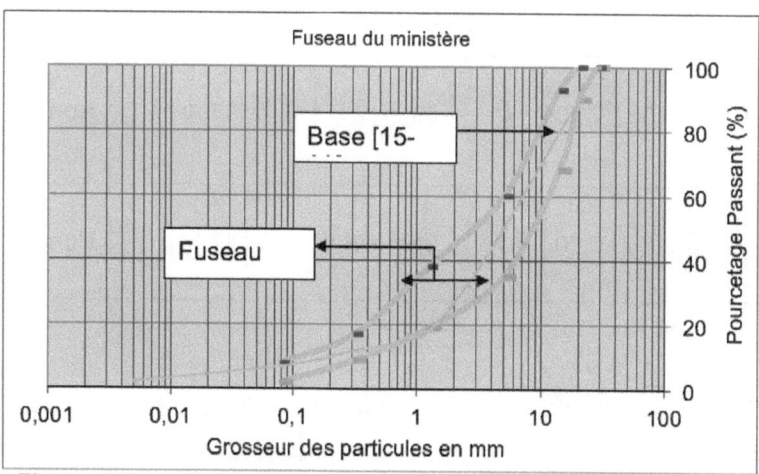

Figure 3.3: matériau 20-0 : Fuseau du Ministère des Transports

Tableau 3.1: caractéristiques granulométriques des bases utilisées

Base	d_{10} mm	d_{30} mm	d_{60} mm	d_{85} mm	d_I mm	C_u	C_c	$\rho_{initial}$ (kg/m3)	Stabilité Interne Suivant Kenney et Lau
[7-315]	0,1	0,15	0,20	0,27	**0,27**	1.43	0,91	**1326**	Oui
[7-5]	0,10	0,20	0,65	2,5	**0,20**	6	0,67	**1788**	Oui
[7-28]	0,13	0,30	2,50	12	**0,30**	19,23	0,28	**1826**	Oui
[15-5]	0,20	1,50	2,50	4	**1,50**	12,5	4.5	**1790**	Non
[15-28]	0,2	2,85	7,00	17	**2,85**	35	5,80	**1792**	Non

- **Base [7-315]:** comme on peut le constater sur la figure 3.4, les courbes granulométriques projetée et réalisée sont peu différentes. Celles des différentes couches de la base (mises une après une dans la cellule) sur la figure 3.5 indiquent toute la précaution prise lors du malaxage pour éviter qu'elles ne présentent de différences significatives de pourcentage de passants. La courbe granulométrique est caractérisée par une ligne droite dans la partie grossière avec une distribution relativement uniforme de toutes les particules. Elle présente cependant une cassure autour de 0,1 mm dans sa partie fine. De façon générale, la courbe granulométrique est uniforme avec $C_u < 6$. D'après la vérification de la stabilité interne par la méthode de Kenney et Lau (figure 3.6), cette base est stable et les particules fines ne peuvent se déplacer librement.

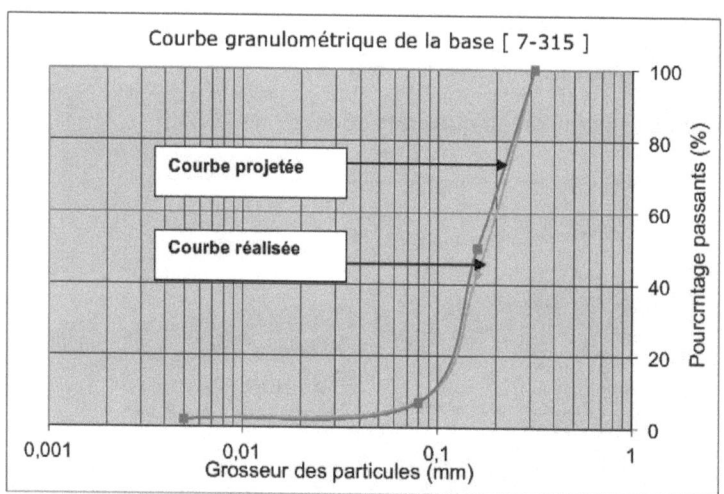

Figure 3.4: courbes granulométriques projetée et réalisée de [7-315]

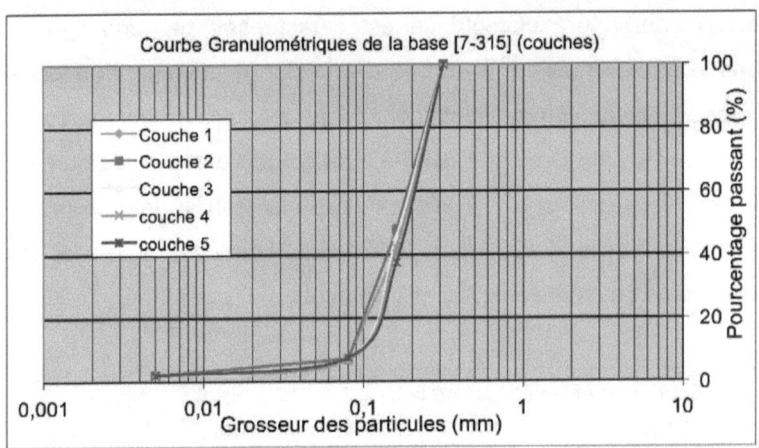

Figure 3.5: courbes granulométriques des couches de [7-315]

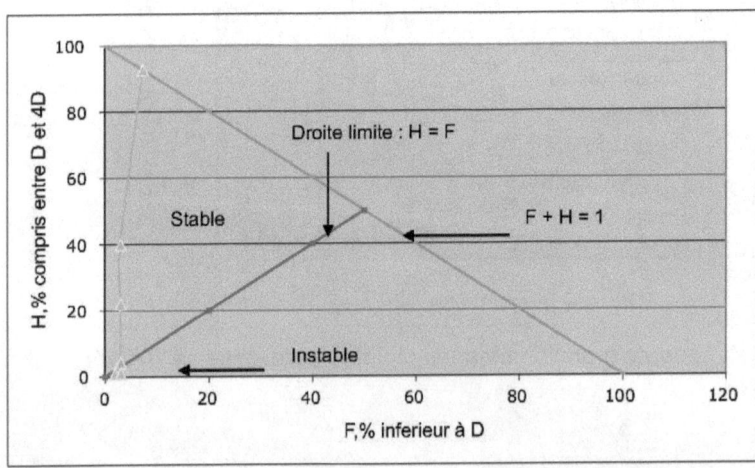

Figure 3.6 : vérification de la stabilité interne de la base [7-315] suivant la méthode de Kenney et Lau

- **Base [7-5]**: la figure 3.7 indique une différence moins importante entre les courbes granulométriques projetées et réalisées et la figure 3.8 une certaine homogénéité des différentes couches de la base. La courbe granulométrique est étalée dans la portion grossière et présente une cassure dans la parie fine moins étalée. Avec un C_u = 6, cette base étalée est jugée stable suivant la méthode de Kenney et Lau (figure 3.9).

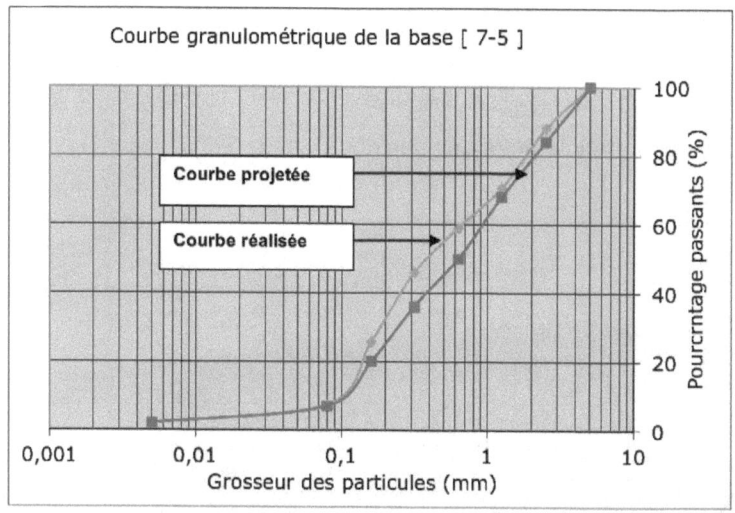

Figure 3.7 : courbes granulométriques projetée et réalisée de [7-5]

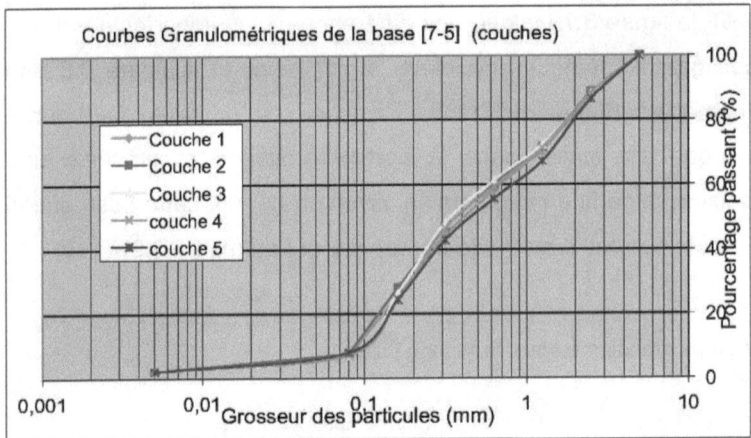

Figure 3.8: courbes granulométriques des couches de [7-5]

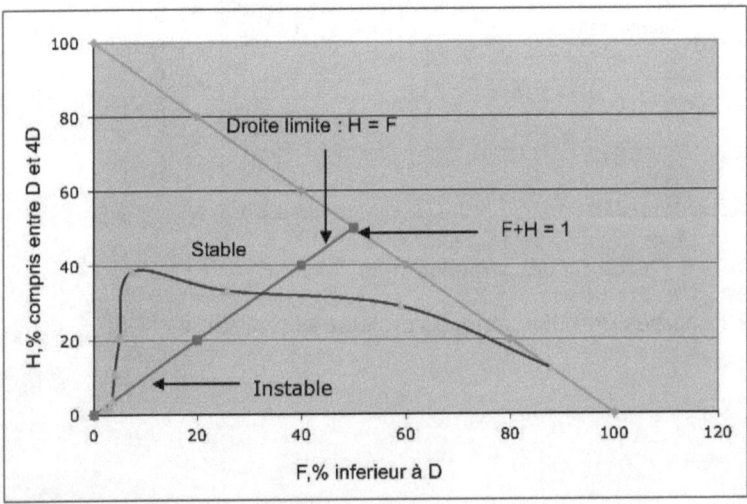

Figure 3.9: vérification de stabilité interne de la base [7-5] suivant la méthode de Kenney et Lau

- **Base [7-28]:** les courbes granulométriques projetée et réalisée ainsi que celles des différentes couches du matériau ne présentent pas de différence importante de pourcentage de passants comme l'indiquent les figures 3.10 et 3.11. La courbe granulométrique est étalée dans la portion grossière et présente une cassure dans la partie fine à 0,1 mm. Elle est jugée stable suivant la méthode de Kenney et Lau (figure 3.12).

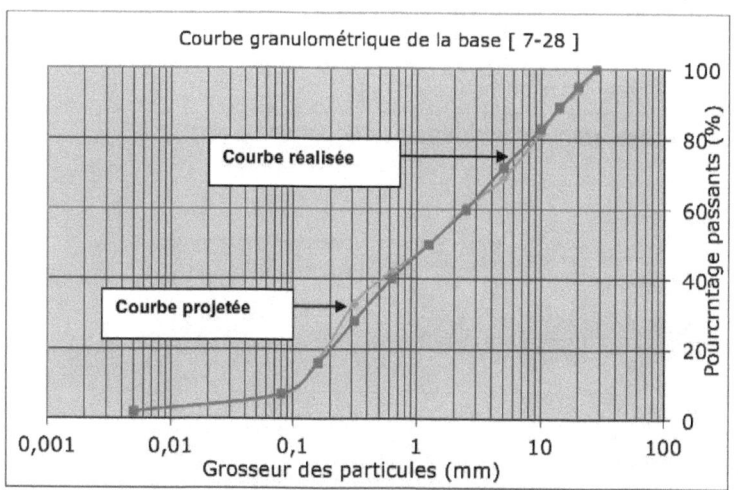

Figure 3.10: courbes granulométriques projetée et réalisée de [7-28]

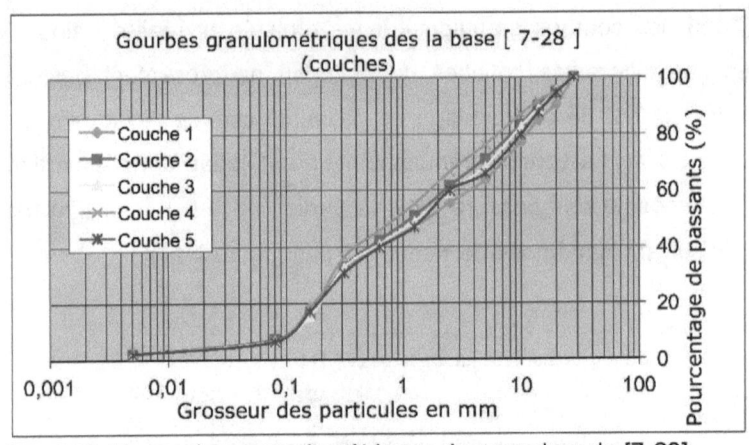

Figure 3.11: courbes granulométriques des couches de [7-28]

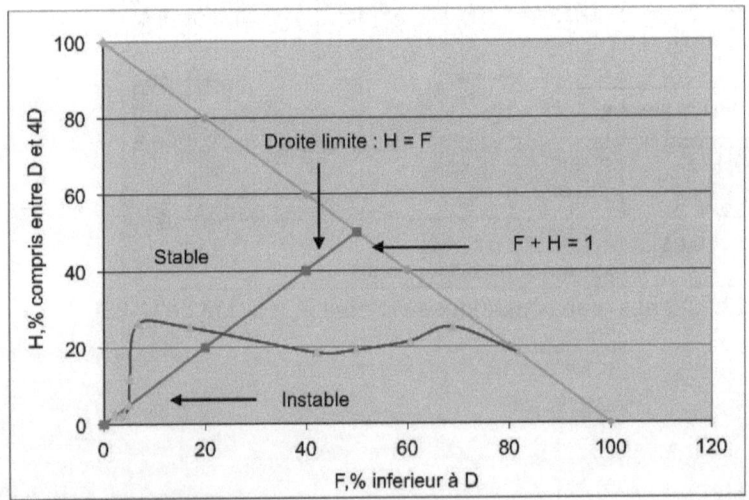

Figure 3.12: vérification de la stabilité interne de la base [7-28] suivant la méthode de Kenney et Lau

- Base [15-5]: avec une granulométrie étalée dans la portion fine, moins étalée dans la partie grossière et concave vers le haut, ce qui donne la possibilité aux particules fines de se déplacer à l'intérieur de la base; elle est jugée instable suivant la méthode de Kenney et Lau (figure 3.15). Les courbes granulométriques projetée et réalisée de même que celles des différences couches mises une après une dans la cellule ne présentent pas une différence significative de pourcentage de passants comme on peut le constater sur les figures 3.13 et 3.14.

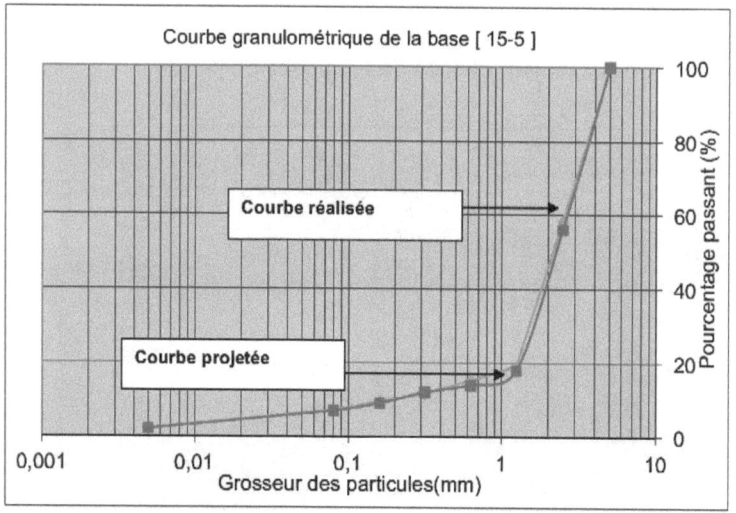

Figure 3.13: courbes granulométriques projetée et réalisée de [15-5]

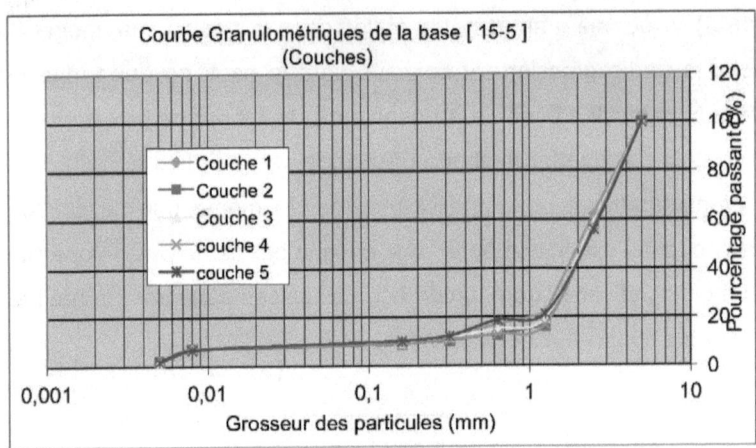

Figure 3.14: courbes granulométriques des couches de [15-5]

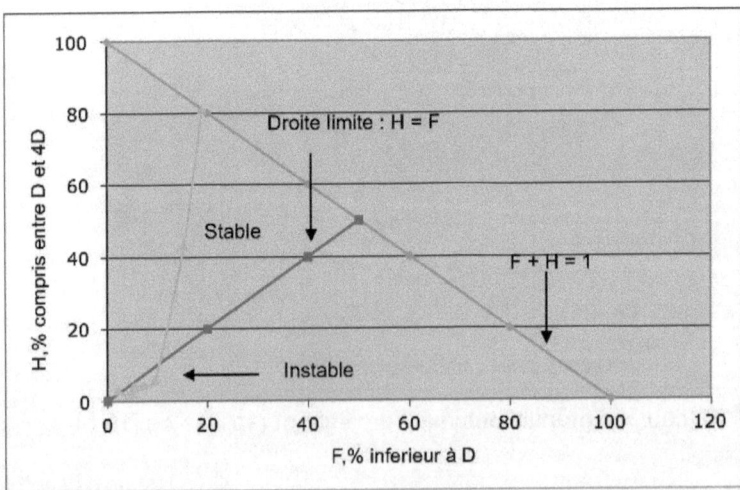

Figure 3.15: vérification de la stabilité interne de la base [15-5] suivant la méthode de Kenney et Lau

- **Base [15-28]**: sa courbe granulométrique est étalée dans la partie grossière et dans la partie fine et concave vers le haut. Les courbes granulométriques projetée et réalisée de même que celles des différences couches sont indiquées sur les figures 3.16 et 3.17. Cette base est jugée instable suivant la méthode de Kenney et Lau (figure 3.18).

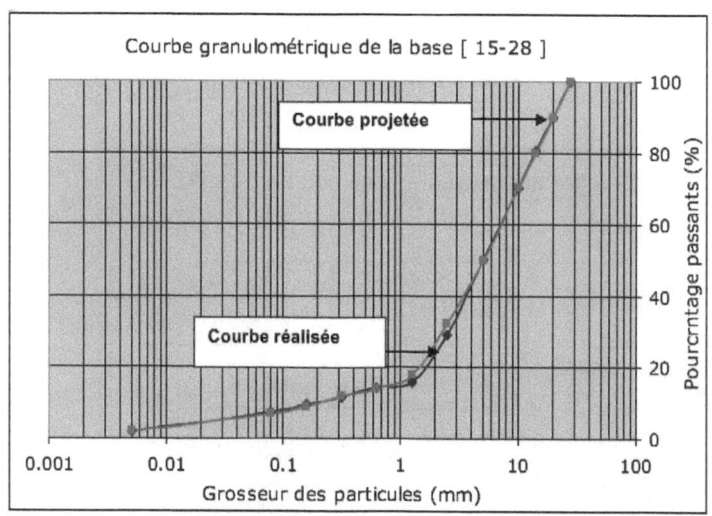

Figure 3.16: courbes granulométriques projetée et réalisée de [15-28]

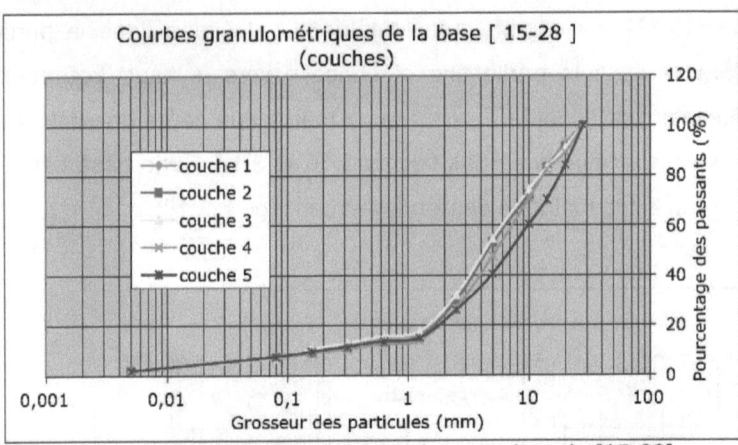

Figure 3.17: courbes granulométriques des couches de [15-28]

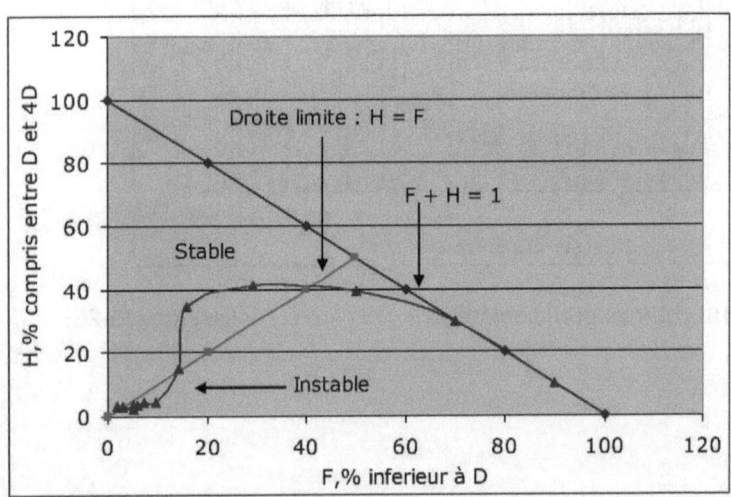

Figure 3.18: vérification de la stabilité interne de la base [15-28] suivant la méthode de Kenney et Lau

De façon générale, les différentes courbes choisies dans le cadre de cette étude sont caractérisées par leur concavité dans la partie grossière, une cassure dans la partie fine et leur structure d'ensemble est celle des matériaux qui peuvent offrir la possibilité aux particules fines de se déplacer à l'intérieur de la base

3.3 Tamis utilisés comme filtre

Chaque tamis utilisé est normalisé par un numéro (maille/pouce) et caractérisé par son ouverture. Le tableau 3.2 donne les numéros et le diamètre d'ouverture de chaque tamis utilisé dans le cadre de cette étude.

Tableau 3.2: numéros de tamis utilisés comme filtre et l'ouverture correspondante

Numéro de tamis (n°)	Ouverture O_F en mm
n° 100	0,150
n° 50	0,297
n° 30	0,600
n° 20	0,840
n° 8	2,380
n° 4	4,750

3.4 Programme d'essais

En fonction de leur étalement et du pourcentage de particules fines, les différentes bases sont soumises à des ouvertures de filtration différentes pour mieux apprécier leur comportement en filtration. Les différentes combinaisons étudiées ainsi que le rapport de rétention mettant en relation l'ouverture de filtration et le diamètre indicatif sont regroupés dans le tableau 3.3. Sept essais ont été réalisés sur cinq bases différentes en combinaison avec des tamis différents. Les courbes projetées sont celles des matériaux granulaires mélangés à 7% de particules de diamètre inférieur à 0, 08 mm (fines).

Tableau 3.3 : les différentes combinaisons étudiées et le rapport de rétention

Essai n°	Base n°	Filtre (mm)	d_l (mm)	$R_R = O_f/d_l$
1	[7-315]	0,150	0,27	0,6
2	[7-5]	0,297	0,20	1,5
3	[7-28]	0,600	0,30	2,0
4	[15-5]	2,380	1,50	1,6
5	[15-28]	4,750	2,85	1,7
6	[15-28]	0,840	2,85	0,3
7	[15-5]	0,840	1,50	0,6

- **Essai n°1**: la combinaison donne une ouverture de filtration 0,6 fois plus petite que le diamètre indicatif de la base (R_R<1), ce qui serait favorable au colmatage externe par les particules fines si elles arrivaient à se déplacer.

- **Essai n°2**: l'ouverture de filtration est 1,5 fois plus grande que le diamètre indicatif de la base (R_R>1). Les particules fines ne pouvant se déplacer à l'intérieur de la base, l'érosion interne sera faible et la tendance à l'autofiltration grande.

- **Essai n°3**: la stabilité interne empêche l'érosion interne même si l'ouverture de filtration est 2 fois plus grande que le diamètre indicatif de la base. La formation d'une couche filtrante à l'interface base-filtre favoriserait la tendance à l'autofiltration.

- **Essai n°4**: l'instabilité interne favorisant la mobilité des particules fines, une ouverture de filtration 1,6 fois plus grande que le diamètre indicatif de la base pourrait favoriser l'érosion interne.

- **Essai n°5**: l'ouverture de filtration est 1,7 fois plus grande que le diamètre indicatif de la base. L'instabilité interne favorisant la mobilité des particules, une érosion interne pourrait se produire.

- **Essai n°6**: la base est instable et l'ouverture de filtration 0,30 fois plus petite que le diamètre indicatif de la base. Les particules fines qui ne peuvent être empêchées de se mouvoir pourraient s'accumuler à l'interface base-filtre et réduire la perméabilité à cet endroit (suffosion).

- **Essai n°7**: le rapport de rétention de 0,6 ($R_R<1$) favoriserait la suffosion avec une base instable donnant la possibilité aux particules fines de se déplacer et se s'accumuler à l'interface.

La longueur de percolation est de 239 mm pour la base [7-315] (essai n°1), 220 mm pour la base [15-5] (essai n°4) et de 245 mm pour les autres. La cellule a une aire de 0,0275 m² avec diamètre intérieur de 187 mm

Signalons que les résultats ainsi obtenus peuvent être entachés d'incertitude sur les facteurs suivants :

- l'effet de paroi peut produire un écoulement préférentiel le long de la cellule et surestimer ainsi les débits enregistrés;
- la base n'a pas été compactée avant sa mise en place dans la cellule ce qui influe sur la perméabilité du mélange;
- les variations de densité sèche dans le temps du début à la fin de l'essai ne sont pas prises en compte;
- les erreurs de lectures des hauteurs de colonnes d'eau dans les piézomètres;
- l'effet d'arche par frottement sur les parois;
- la mauvaise récupération des couches suite au démoulage de la base à la fin de l'essai;
- l'eau utilisée pour la réalisation des essais n'était pas désaérée d'où la présence de bulles d'air qui peuvent diminuer les perméabilités locales au cours de l'essai.

Chapitre 4

Présentation et analyse des résultats

Dans ce chapitre, il s'agit d'analyser les résultats obtenus à partir des essais de compatibilité pour mieux comprendre le comportement des différentes bases en filtration. Les paramètres essentiels d'analyse sont liés aux variations granulométriques et hydrauliques sous l'effet des forces d'écoulement d'eau. Les effets de l'ouverture de filtration et de l'étalement de la base sur les comportements en filtration seront discutés au chapitre 5.

4.1 Facteurs d'analyse des bases testées

A l'examen des courbes après que le matériau soit soumis aux forces d'écoulement d'eau et de pesanteur, plusieurs caractéristiques peuvent être discutées telles que les variations des pourcentages de passants, les variations de la perméabilité locale en fonction du temps ainsi que l'amplitude de cette variation et la largeur du fuseau de réarrangement graduel des particules de la base.

Les résultats obtenus ont donné les facteurs indicatifs du comportement en filtration des bases testées. Ces facteurs sont les suivants :
- les variations granulométriques;
- le compactage en cours d'essai;

- le tassement dû aux pertes de particules;
- les variations de conductivité hydraulique;
- la migration des particules.

Ces facteurs sont définis à partir des paramètres suivants : la densité sèche, le pourcentage de tassement, le tassement dû au compactage, le tassement dû aux pertes de particules, la masse de passant par unité d'aire, le pourcentage de migration, les caractéristiques granulométriques, la conductivité hydraulique.

• Densité sèche

La densité sèche a été mesurée avant et après l'essai de percolation. Ainsi on appelle densité sèche initiale ($\rho_{initial}$), la densité du sol mis en place dans la cellule avant l'essai de percolation et densité sèche finale (ρ_{final}), la densité du sol après l'essai de percolation. Cette variation est liée au compactage dû aux forces perturbatrices et au lessivage.

• Pourcentage de tassement

C'est le rapport entre le tassement total mesuré ΔH (en mm) et la hauteur initiale de l'échantillon.

$$\boxed{\varepsilon = \Delta H / H_o}$$

(4.1)

ΔH: tassement total mesuré (mm).

H_o: hauteur initiale de l'échantillon (mm).

● **Tassement dû au compactage**

Le tassement dû au compactage de l'échantillon est défini comme le produit de la hauteur initiale de l'échantillon par le quotient des densités sèches moyennes initiale et finale diminué de un. Il est exprimé en mm.

$$\Delta H_c = H_0 \cdot [1 - (\rho_{initial} / \rho_{final})]$$

(4.2)

$\rho_{initial}$: densité sèche initiale du mélange en kg/m^3.
ρ_{final} : densité sèche finale du mélange en kg/m^3.

● **Tassement dû aux pertes de particules**

Il est défini comme la différence entre le tassement total mesuré (en mm) ΔH et le tassement dû au compactage ΔHc.

$$\Delta H_p = \Delta H -$$

(4.3)

ΔHc: tassement dû au compactage (mm).

● **Masse de passant par unité d'aire**

Elle est définie comme étant la masse des particules lessivées par unité d'aire du filtre (ou aire de la cellule).

$$\boxed{M_p = M/A}$$

(4.4)

M_p : masse de particules ayant passé à travers le filtre en g/m^2.

M : masse de particules lessivées à travers le filtre en g

A : aire de la cellule en m^2.

A étant fixe pour toutes les bases testées, M_p est fonction du pourcentage des particules de diamètre inférieur à l'ouverture du filtre qui auront passé à travers le filtre. Elle met en relation la masse de particules entraînées et le comportement en filtration d'une base.

• Pourcentage de migration P_p

C'est le rapport entre la masse de sol ayant passé à travers le filtre après l'essai sur la masse de sol dont le diamètre est inférieur à l'ouverture du filtre et qui représente un certain pourcentage de la masse totale de sol mis en place pour l'essai. Le pourcentage de la masse totale de sol que représente cette quantité est indiqué sur la courbe granulométrique de la base. Ce pourcentage peut être significatif du pouvoir autofiltrant des différentes bases testées si l'on se réfère au fait qu'elle met en relation la masse pouvant être entraînée avec la masse réellement entraînée.

$$\boxed{P_p = M_p / M_{inf}}$$

(4.5)

M_p : masse de sol ayant lessivée à travers le filtre.

M_{inf} : masse de sol dont le diamètre est inférieur à l'ouverture du filtre.

● **Caractéristiques granulométriques**

Elles ont pour but de déterminer la proportion des différentes grosseurs de particules. Pour caractériser cette propriété des matériaux granulaires on a procédé à une analyse granulométrique par tamisage.

Les variations observées au niveau de la granulométrie des différentes bases testées avant et après l'essai de percolation ont été caractérisées par les paramètres suivants :

- courbes granulométriques de la base et des 5 couches de la base avant et après l'essai;

- les écarts de pourcentage de passants des différentes couches après l'essai.

● **Conductivité hydraulique**

Les résultats des essais de perméabilité sont caractérisés par des séries de courbes qui mettent en relation la variation de perméabilité locale avec le temps pour les différentes couches de la base. Ainsi la courbe 1 est la courbe représentative de la couche 1 délimitée par l'interface base-filtre qui est le datum et la première prise piézométrique correspondant à l'élévation y = 65 mm. La courbe 2 représente la couche 2 comprise entre la première prise piézomètrique (y = 65 mm) et la deuxième prise piézomètrique (y =105 mm). La courbe 3 est relative à la couche 3 comprise entre la deuxième prise piézométrique (y =105 mm) et la troisième prise piézomètrique (y = 155 mm). La courbe 4 est relative à la couche 4 comprise entre la troisième prise piézomètrique (y = 155 mm) et la quatrième prise piézomètrique (y = 205 mm). La courbe 5 est relative à couche 5 comprise entre la quatrième prise piézomètrique (y = 205 mm) et la cinquième prise piézomètrique c'est à dire l'entrée (y = ± 239 mm). Les résultats des essais de perméabilité ainsi obtenus sont traités de façon statistique pour mieux faire ressortir les variations. Suite au comportement des différentes bases testées, on sera en mesure de caractériser leur drainabilité à partir des variations de perméabilité dans le temps.

4.2 Présentation et analyse séparée des résultats

4.2.1 Combinaison base [7-315]-tamis N°100 pour essai n°1

4.2.1.1 Granulométrie

D'après les figures et 4.1 et 4.2, les différentes couches de la base [7-315] après avoir été soumises aux forces perturbatrices ont connu très peu de variation des caractéristiques granulométriques. Pour aider à mieux apprécier cette capacité de la base à conserver sa granulométrie, les courbes granulométriques de la base reconstituée avant l'essai et de celle récupérée dans la cellule après, ont été superposées sur le même graphique (voir figure 4.2). Cette superposition montre que les deux courbes sont semblables.

Bien qu'une quantité de sol ait été emportée, le matériau semble ne pas être affecté par cette perte et conserve pratiquement la même configuration granulométrique.

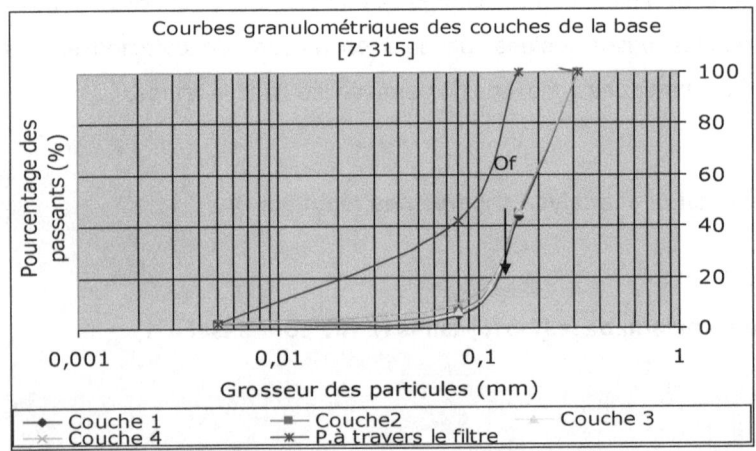

Figure 4.1: courbes granulométriques des différentes couches de la base [7-315] après l'essai n°1

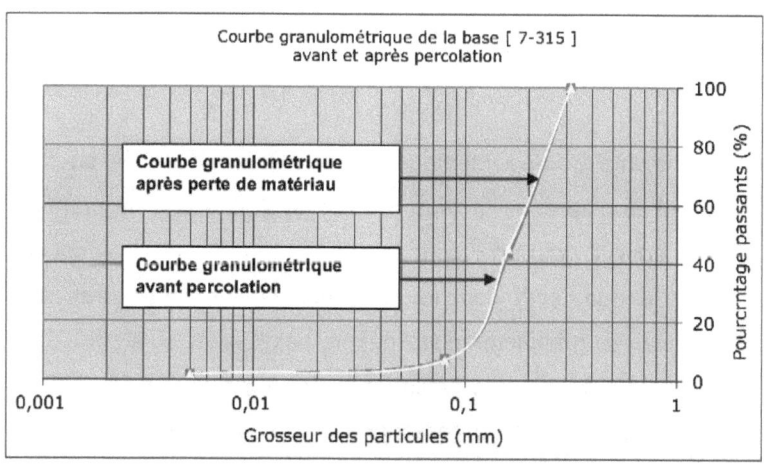

Figure 4.2: superposition des courbes granulométriques de la base [7-315] avant et après l'essai n°1

Tableau 4.1 : variations des pourcentages de passants des particules des différentes couches de la base [7-315] (essai n°1)

Grosseur des particules (mm)	C1	C2	C3	C4
0,005	0	0	0	0
0,08	-2,26	-0,28	-0,81	2,76
0,16	2,38	-2,93	0,23	3,75
0,315	0	0	0	0

Le signe + indique une augmentation de masse de passants et le signe – une diminution.

La différence maximale de pourcentage des passants rencontrée pour les différentes couches d'après le tableau 4.1 est de 2,38% pour la première couche, 2,93% pour la deuxième couche, 0,81% pour la troisième couche et 3,75% pour la quatrième couche. Ces valeurs sont inférieures à la précision de l'analyse granulométrique définie par Keyser et al. (1975) et qui est de 1,3% à 4,6% pour les tamis inférieurs à 5 mm et 6,0% à 7,3% pour des tamis ayant une ouverture supérieure à 5 mm. La granulométrie de matériau semble stable et empêche le colmatage externe du filtre malgré un rapport de rétention de 0,60.

L'analyse des variations rencontrées suite à la percolation d'eau donne une indication sur le comportement en filtration de la base.

La disparition de la couche 5 semble indiquer une augmentation en masse de particules fines et de particules inférieures à 0,16 mm de la couche 4. Par contre les couches 1, 2 et 3 semblent connaître une diminution en particules fines dont la plus grande valeur est observée dans la couche 1. La couche 2 a connu une diminution en masse des particules passant à 0,16 mm et la couche 1 une augmentation pour le même diamètre.

La couche 1 a connu une perte en particules plus petites que l'ouverture du filtre. Pendant que ces particules fines étaient évacuées, les particules grossières retenues à l'interface ont filtré les particules plus petites qui ont filtré à leur tour d'autres particules plus petites et ainsi de suite jusqu'à la stabilisation du mélange. Le sol aurait fini par acquérir une stabilité interne suffisante pour pouvoir permettre à l'eau de s'écouler sans entraîner les particules. Cette propriété est propre aux bases autofiltrantes dont le simple blocage d'un réseau dans le quel les fines sont imbriquées fera que celles-ci soient retenues. L'érosion interne est faible et limitée à la couche 1.

4.2.1.2 Compactage

La densité moyenne du mélange initial est passée, comme l'indique le tableau 4.2, de 1326 kg/m^3 à 1540 kg/m^3 suite au compactage, soit une variation d'environ 16%; variation qui va d'ailleurs affecter la perméabilité du mélange. La couche 4 a connu la plus forte densification et la couche 3 la plus faible à la fin de l'essai n°1. La disparition de la couche 5 et l'accumulation des particules fines de cette couche dans la couche 4 (la couche 4 a enregistré la plus forte accumulation de particules fines à la fin de l'essai n°1 comme l'indique le tableau 4.1) aurait permis la forte densification de cette dernière en diminuant sa conductivité hydraulique.

Tableau 4.2: variation de densité sèche des différentes couches de la base [7-315] (essai n°1)

Couche #	1	2	3	4	5	Moyenne	Ecart type (σ)	*Coef. de variation (%)*
ρ_{do}	1270	1500	1141	1531	1185	**1325**	**180**	*14*
ρ_{df}	1536	1640	1063	1922	0	**1540**	**358**	*23*
$\dfrac{(\rho_{df}-\rho_{do})}{\rho_{do}}$	*21*	*9*	*-7*	*26*	*-100*	*16*	X	X

4.2.1.3 Conductivité hydraulique

Comme l'indique la figure 4.3, les plus grandes variations sont obtenues pour les couches 3 (plus grande valeur de conductivité hydraulique) et 4 (plus petite valeur de conductivité hydraulique) au cours de l'essai n°1. En effet, la couche 3 a connu la faible densification et la couche 4, la plus forte. La conductivité hydraulique de la couche 1 est passée de 1,61E-06 m/s au début de l'essai à 4,37E-06 m/s à la fin. Les 4 couches subissent toutes une diminution de conductivité hydraulique au début de l'essai n°1, dont la grande est observée pour les couches 4. On pourrait penser à une redistribution de la structure du matériau au début même de l'essai, ce qui se serait traduit par l'accumulation des particules fines de la couche 5 dans la couche 4. La diminution de la perméabilité dans la couche 1 serait due à l'accumulation de particules fines à l'interface dont l'évacuation dans le temps a ensuite permis une augmentation de la perméabilité à cet endroit. La couche 1 est devenue environ 3 fois plus perméable à la fin de l'essai.

Avec le lessivage des particules fines dans cette zone inférieure du sol, la formation d'arches a augmenté la perméabilité locale dans cette couche. A la fin de l'essai, la perméabilité du système est devenue supérieure à celle du sol initialement mis en place.

Au cours de la percolation d'eau, le mélange se serait stabilisé pour ensuite permettre à l'eau de s'écouler sans emporter de particules. Ceci est à la base de l'augmentation de la perméabilité des couches 1 et 2. Ce comportement en filtration est propre aux sols stables capables de développer un processus de filtration par autofiltration.
La stabilité interne de la base telle qu'évaluée par la méthode de Kenney et Lau empêche la mobilité des particules fines et ne peut permettre la suffosion malgré un rapport de rétention inférieur à l'unité.

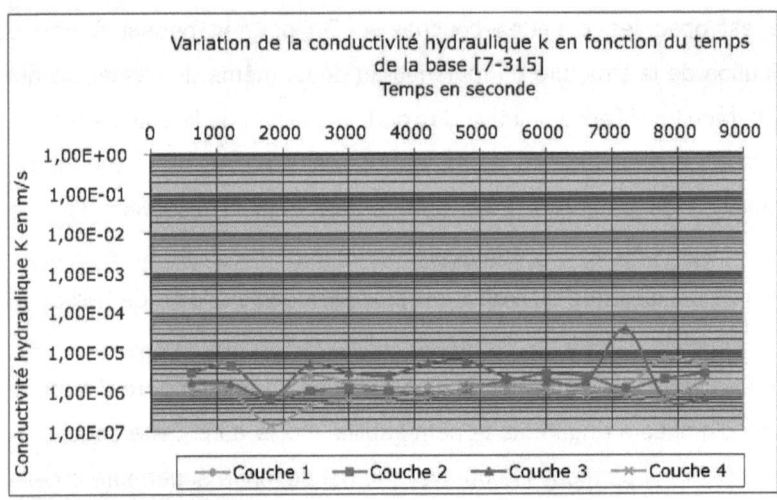

Figure 4.3: variations de perméabilité des différentes couches de la base [7-315] (essai n°1)

Le tableau 4.3 indique que la couche 3 qui a enregistré la plus forte valeur de conductivité hydraulique et la couche 4 la plus faible valeur tout au long de l'essai de perméabilité. En effet la couche 3 a connu une diminution en masse de particules fines et la couche 4 une augmentation. On a donc assisté à un réarrangement des particules au cours du temps. La couche 4 avec la plus forte valeur moyenne de conductivité hydraulique a connu à la fin de l'essai la plus forte accumulation de particules fines (soit une augmentation de 3,75% de sa quantité initiale). La plus faible valeur de la conductivité hydraulique moyenne enregistrée au niveau de la couche 4 pourrait s'expliquer par une accumulation de particules fines dans cette couche et par le compactage qui a été plus intense avec la disparition de couche 5. Cependant, les modifications granulométriques constatées étant très faibles et inférieures à la précision de l'analyse granulométrique, on pourrait penser que c'est beaucoup plus la forte densification qui serait à la base des modifications de perméabilité locales enregistrées. Signalons que la couche 3 a connu les plus fortes variations au cours du temps soit un coefficient de variation d'environ 187%, relativement élevé par rapport aux autres couches.

La plus faible valeur moyenne de perméabilité enregistrée est 8,70E-07 m/s et la perméabilité moyenne du sol est passée de 1,87E-06 m/s à 2,37 E-06 m/s, comme l'indique le tableau 4.3. La perméabilité dans la zone inférieure du sol est passée de 1,61E-06 m/s au début de la percolation à 4,37E-06 m/s à la fin. Avec le lessivage des particules fines, la formation d'arche a augmenté la perméabilité dans cette couche.

Tableau 4.3 : analyse statistique des résultats de perméabilité des différentes couches de la base [7-315] (essai n°1)

Temps en seconde	Conductivité hydraulique des différentes			
	Couche 1	Couche 2	Couche 3	Couche 4
600	1,61E-06	3,08E-06	1,72E-06	1,08E-06
1200	1,31E-06	4,69E-06	1,59E-06	1,03E-06
1800	7,22E-07	6,93E-07	7,11E-07	1,42E-07
2400	2,59E-06	1,04E-06	4,85E-06	4,35E-07
3000	1,58E-06	1,22E-06	3,04E-06	6,08E-07
3600	1,30E-06	1,00E-06	2,50E-06	6,26E-07
4200	1,30E-06	8,04E-07	5,02E-06	7,17E-07
4800	1,53E-06	1,20E-06	5,79E-06	1,20E-06
5400	1,46E-06	1,80E-06	2,25E-06	1,29E-06

6000	1,46E-06	2,69E-06	1,80E-06	1,07E-06
6600	1,25E-06	2,30E-06	1,73E-06	8,14E-07
7200	1,33E-06	1,15E-06	3,591E-05	7,65E-07
7800	6,56E-06	2,02E-06	6,15E-07	6,01E-07
8400	4,37E-06	2,69E-06	6,15E-07	1,80E-06
Caractéristiques statistiques				
Maximum	6,56E-06	4,69E-06	**3,60E-05**	1,80E-06
Minimum	7,222E-07	6,93E-07	6,15E-07	**1,42E-07**
Ecart	1,57E-06	1,12E-06	**9,10E-06**	**4,13E-07**
Coef.	77	59	**187**	**47**
Etendue	5,84E-06	4,00E-06	**3,53E-05**	**1,66E-06**
Moyenne	2,03E-06	**1,88E-06**	4,87E-06	**8,70E-07**

4.2.1.4 Migration des particules

Les valeurs de la masse de passant par unité d'aire, du coefficient de migration et des tassements calculés sont regroupées dans le tableau 4.4. Les tassements observés après l'essai n°1 sont attribuables en majeure partie au compactage soit 33,30 mm. Le tassement dû aux pertes de particules est de 0,70 mm; cette valeur est de loin inférieure à celle due au compactage. Cette base semble capable d'empêcher la suffosion de ses particules fines sous l'action des forces perturbatrices. La disparition de la couche 5 serait essentiellement attribuable au compactage qui aurait provoqué une diminution de volume initial. La faible valeur du rapport de rétention et le caractère non suffosif de la base ont aidé à la densification en empêchant le lessivage des particules de la base.

Malgré 30% de particules de diamètre inférieur à l'ouverture du filtre, seules 1,49 % ont été entraînées. Cette valeur est faible, ce qui pourrait confirmer l'aptitude à maintenir les particules fines à l'intérieur de la masse de sol.

Tableau 4.4 : masse de passant par unité d'aire M_P, tassements et migration des particules de la base [7-315] (essai n°1)

Base	R_R	M_P g/m^2	P_1 %	P_p %	ΔH_c mm	ΔH_p mm	$\Delta H/H_o$ %
[7-315]	0,60	1418	30	1,49	33,30	0,70	14,22

4.2.2 Combinaison base [7-5]-tamis n°50 pour essai n°2

4.2.2.1 Granulométrie

L'allure générale des courbes granulométriques des différentes couches de matériaux récupérées dans la cellule après l'essai n°2 semble être proche de celle du matériau original comme l'indique la figures 4.4 et 4.5. La superposition des couches de matériau avant et après l'essai confirme ce constat.

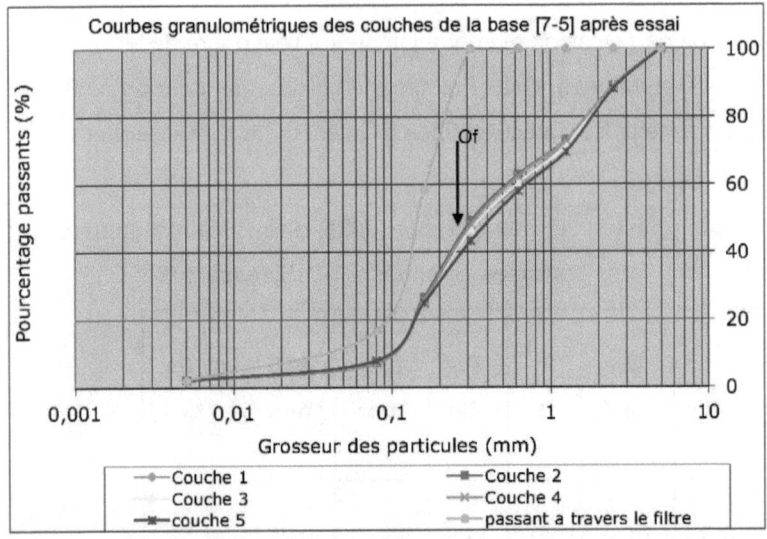

Figure 4.4: courbes granulométriques des différentes couches de la base [7-5] après l'essai n°2

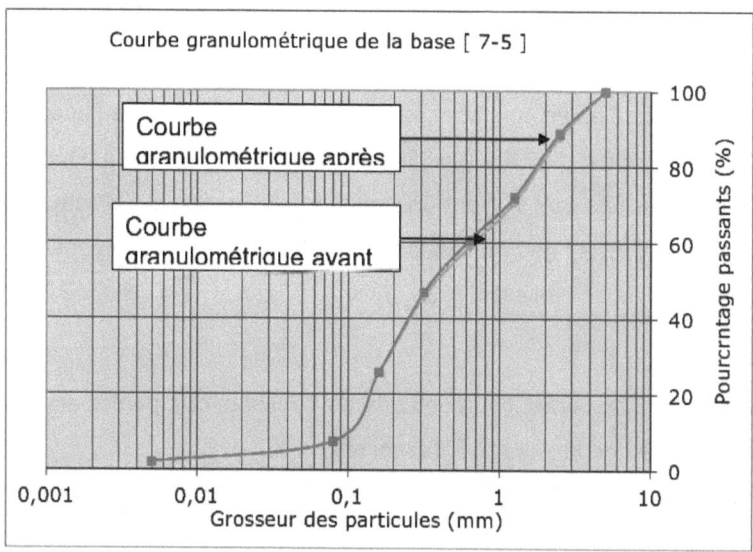

Figure 4.5: superposition des courbes granulométriques de la base [7-5] avant et après l'essai n°2

Les analyses granulométriques effectuées sur le matériau avant et après l'essai de percolation donnent des courbes granulométriques qui sont pratiquement les mêmes. Une faible variation est visible dans la zone de diamètre de particules comprise entre 0,315 mm et 2,5 mm. Bien qu'une quantité de sol ait été emportée sous les l'effet des forces d'écoulement et de pesanteur, le matériau semble être peu affecté par cette perte et conserve pratiquement la même courbe granulométrique.

Comme l'indique le tableau 4.5, la différence maximale de pourcentage de passant rencontrée pour les différentes couches est 2,62% pour la première couche, 2,84% pour la deuxième couche, 1,43% pour la troisième couche, 3,02% pour la quatrième couche et 2,46% pour la cinquième couche. Ces valeurs sont inférieures à la précision de l'analyse granulométrique qui est de 1,3% à 4,6% pour les tamis inférieurs à 5 mm et 6,0% à 7,3% pour des tamis ayant une ouverture supérieure à 5 mm. Ce matériau semble être peu influencé du point de vue composition granulométrique à la fin de l'essai n°2.

Tableau 4.5 : variations des pourcentages de passants des particules des différentes couches de la base [7-5] (essai n°2)

Grosseur des particules (mm)	C1	C2	C3	C4	C5
0,005	0	0	0	0	0
0,08	0,08	-0,07	-0,52	-0,2	0,12
0,16	-0,71	1,54	1,14	-1,5	-0,66
0,315	-2,49	-1,94	1,43	-1,57	-0,47
0,63	-1,06	-2,84	0,88	-3,02	-2,35
1,25	-2,62	-1,32	1,01	-1,66	-2,46
2,5	-1,95	-0,27	-0,72	-0,67	-1,66
5	0	0	0	0	0

4.2.2.2 Compactage

Le tableau 4.7 montre des variations de densités des différentes couches moins importantes de la base après qu'elle soit soumise à l'action des forces perturbatrices à l'exception de la couche 1. La densité moyenne du mélange initial est passée de 1788 kg/m^3 à 1822 kg/m^3 suite au compactage, soit une variation d'environ 2%. La couche 1 a connu la plus forte densification à la fin de l'essai, soit 23% et la couche 4, la plus faible, soit -6%. Elle semble présenter une différence significative par rapport aux autres couches.

Tableau 4.6 : variation de densité sèche des différentes couches de la base [7-5] (essai n°2)

Couche #	1	2	3	4	5	Moyenne	Ecart type (σ)	Coef. de variation (%)
ρ_{do}	1672	1813	1811	1815	1828	**1788**	**65**	*4*
ρ_{df}	2060	1753	1821	1715	1764	**1823**	**138**	*8*
$\dfrac{(\rho_{df} - \rho_{do})}{\rho_{do}}$	*23*	*-3*	*1*	*-6*	*-4*	*2*	*X*	*X*

4.2.2.3 Conductivité hydraulique

On observe sur la figure 4.6 que la couche de sol en contact avec le filtre est devenue environ 100 fois moins perméable à la fin de l'essai. Pourtant, les particules fines n'ont pu se déplacer à l'intérieur du squelette formé par les grosses particules du sol. On pourrait alors penser que la baisse de perméabilité dans la couche 1 et le décalage de sa courbe, les premières heures de l'essai, serait attribuable à la forte valeur d'augmentation de densité de cette couche par rapport aux autres couches, telle qu'indiquée dans le tableau 4.6. La couche 4, a enregistré une augmentation graduelle de sa perméabilité au cours de l'essai n°2, ce qui justifierait sa plus faible valeur d'augmentation de densité. Cette couche semble connaître des variations assez proches de la de conductivité hydraulique des autres couches à l'exception de la couche1 (les premières heures de l'essai). A l'équilibre, la perméabilité du système est presque constante. Elle demeure toutefois supérieure à celle du sol initial.

La stabilité interne telle qu'évaluée par la méthode de Kenney et Lau n'a pas permis la mobilité des particules fines, empêchant ainsi une forte érosion malgré un rapport de rétention supérieur à l'unité.

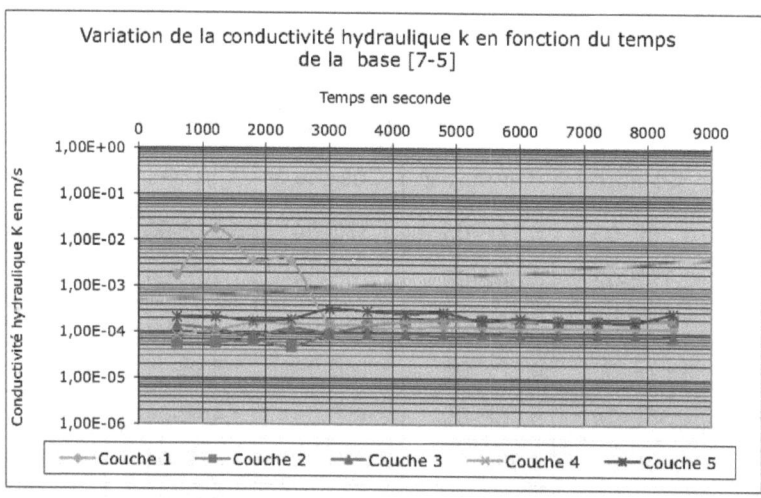

Figure 4.6: variations de perméabilité des différentes couches de la base [7-5] (essai n°2)

Le tableau 4.8 indique les plus grandes valeurs de coefficient de variation, d'écart type, d'étendue absolue et d'écart moyen dans la couche 1. Ceci peut être attribuable au fait que cette couche s'est densifiée le plus en cours d'essai.

Tableau 4.7 : analyse statistique des résultats de perméabilité de différentes couches de la base [7-5] Essai n°2)

Temps en seconde	Conductivité hydraulique des différentes couches				
	Couche 1	Couche 2	Couche 3	Couche 4	Couche 5
600	1,78E-03	5,77E-05	1,37E-04	8,31E-05	2,13E-04
1200	1,79E-02	5,84E-05	1,15E-04	1,10E-04	2,15E-04
1800	3,57E-03	6,62E-05	8,13E-05	1,53E-04	1,75E-04
2400	3,57E-03	4,88E-05	1,19E-04	1,53E-04	1,92E-04
3000	1,55E-04	8,96E-05	9,61E-05	1,44E-04	3,23E-04
3600	1,20E-04	1,36E-04	9,20E-05	1,47E-04	2,86E-04
4200	1,25E-04	1,68E-04	9,22E-05	1,70E-04	2,52E-04
4800	1,31E-04	2,05E-04	8,56E-05	1,78E-04	2,70E-04
5400	1,31E-04	1,85E-04	8,89E-05	1,78E-04	1,80E-04
6000	1,28E-04	1,76E-04	8,62E-05	1,81E-04	2,07E-04
6600	1,27E-04	1,79E-04	8,62E-05	1,87E-04	1,74E-04
7200	1,27E-04	1,80E-04	8,64E-05	1,87E-04	1,75E-04
7800	1,27E-04	1,80E-04	8,66E-05	1,88E-04	1,75E-04
8400	1,27E-04	1,96E-04	8,41E-05	1,88E-04	2,68E-04
Caractéristiques statistiques					
Maximum	**1,79E-02**	2,05E-04	1,37E-04	1,88E-04	3,23E-04
Minimum	1,20E-04	**4,88E-05**	8,13E-05	8,31E-05	1,74E-04
Ecart type(σ)	**4,76E-03**	5,94E-05	**1,64E-05**	3,17E-05	4,93E-05
Coef.variation	**236**	43	**17**	20	22

Etendue absolue	1,78E-02	1,57E-04	5,58E-05	1,05E-04	1,48E-04
Moyenne	2,01E-03	1,38E-04	9,55E-05	1,60E-04	2,22E-04

4.2.2.4 Migration des particules

Le tableau 4.8 indique que le matériau n'a pas connu de tassements importants. Les valeurs de tassements dus au compactage (4,57 mm) et aux pertes de particules (4,08 mm) sont toutes deux faibles. L'essai n°2 semble indiquer l'influence des forces perturbatrices dans cette combinaison sur les propriétés hydrauliques de la base. Les caractéristiques granulométriques semblent être peu affectées.

Le pourcentage de migration P_P est faible. Bien que 43% des particules aient un diamètre inférieur à l'ouverture du filtre (donc susceptibles d'être entraînées) seulement 0,47% ont été emportées.

Malgré un rapport de rétention plus grand que 1, le lessivage des particules fines est relativement faible et on observe le maintien des particules dans le squelette formé par les grosses particules.

Tableau 4.8 : masse de passant par unité d'aire M_P, tassements et migration des particules des la base [7-5] (essai n°2)

Base	R_R	M_P g/m^2	P_1 %	P_p %	ΔH_c mm	ΔH_p mm	$\Delta H/H_o$ %
[7-5]	1,50	873	43	0,47	4,57	5,43	4,08

4.2.3 Combinaison base [7-28]-tamis n°30 pour l'essai n°3

4.2.3.1 Granulométrie

Les figures 4.7 et 4.8 montrent que les courbes granulométriques des différentes couches de matériau récupérées dans la cellule après la percolation sont presque semblables à celles du matériau initialement mis dans la cellule. La superposition des courbes granulométriques des couches de matériau avant et après la percolation permet de mieux apprécier cet aspect (voir figure 4.8).

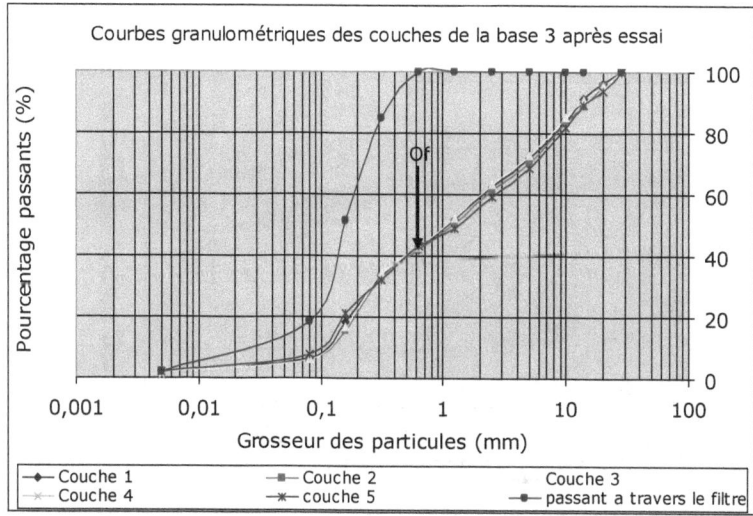

Figure 4.7: courbes granulométriques des différentes couches de la base [7-28] après l'essai n°3

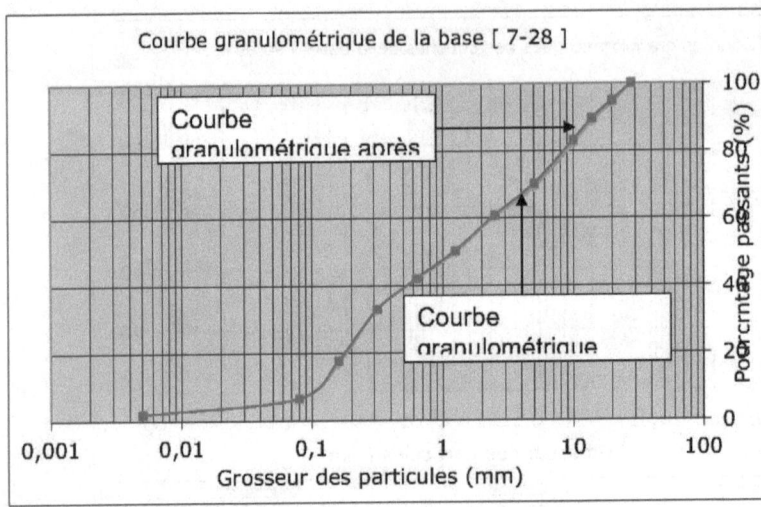

Figure 4.8: superposition des courbes granulométriques de la base [7-28] avant et après l'essai n°3

Par superposition des courbes du matériau avant et après l'essai de percolation (sans la quantité de matériaux ayant passé à travers le tamis), on remarque que ce matériau est peu influencé du point de vue composition granulométrie après l'essai n°3. Les deux courbes sont presque semblables et les caractéristiques liées à la granulométrie se conservent durant toute la durée de percolation. L'action des forces d'écoulement d'eau et de gravité semble avoir peu d'effet sur les caractéristiques granulométriques de la base [7-28].

Tableau 4.9 : variations des pourcentages de passants des particules des différentes couches de la base [7-28] (essai n°3)

Grosseur des particules (mm)	C1	C2	C3	C4	C5
0,005	0	0	0	0	0
0,08	-0,17	-0,84	-0,22	-0,37	1,34
0,16	-0,19	-0,51	1,77	-0,48	4,3
0,315	1,91	-0,25	-0,84	-2,38	1,63
0,63	0,78	-0,2	-0,48	-2,88	3,29
1,25	4,79	-0,43	-0,55	-2,77	1,99
2,5	6,79	-0,28	-0,73	-3,02	-0,74
5	8,31	-0,89	-0,8	-3,26	2,7
10	6,82	0,36	-1,98	-1,54	2,39
14	6,34	-0,91	-1,35	-0,66	1,98
20	5,74	0,66	-1,6	0,47	-0,79
28	0	0	0	0	0

Bien que le matériau ait connu peu de modification au niveau de la courbe granulométrique à la fin de l'essai, nous remarquons cependant dans le tableau 4.9 des valeurs relativement élevés de variations des quantités de particules. Les plus grandes valeurs de variation sont de 8,31% pour la couche 1, -0,91% pour la couche 2, -1,98% pour la couche 3, -3,26% pour la couche 4 et 2,39% pour la couche 5.

Les différentes variations des quantités de passants avant et après l'essai n°3 sont toutes à l'exception de la couche 1 inférieures à la précision de l'analyse granulométrique qui est de 1,3% à 4,6% pour les tamis inférieurs à 5 mm et de 6,0% à 7,3% pour des tamis ayant une ouverture supérieure à 5 mm. Pour l'ensemble des couches, il y a eu peu de variation des quantités de particules de diamètre inférieur à l'ouverture de filtration. Ces particules n'ont pu être déplacées à l'intérieur du squelette formé par les grosses particules malgré la présence des forces perturbatrices. La plus grande érosion à l'interface base filtre est de -0,19% qui est une valeur relativement faible. Ce matériau semble ne semble pas être suffosif. Nous remarquons une forte accumulation des grosses particules à l'interface base-filtre au fur et à mesure que les fines sont emportées à travers le filtre. Ces matériaux grossiers retiendraient à leur tour les matériaux plus fins et plus étalés et ainsi de suite jusqu'à la stabilisation qui semble vite se réaliser. Cette base serait autofiltrante et les quantités de fines emportées sont faibles.

La stabilité interne de la base telle qu'évaluée par la méthode de Kenney et Lau (figure 3.10), ne peut permettre la suffosion des particules fines et empêche ainsi le lessivage malgré un rapport de rétention de 2.

4.2.3.2 Compactage

La densité du matériau est passée de 1826 kg/m^3 à 1940 kg/m^3 soit une augmentation d'environ 6%. Le tableau 4.10 indique la plus grande augmentation de densité de la couche 4 à la fin de l'essai. L'épaisseur moyenne du matériau mise en place est passée de 0,049 m à 0,046 m soit une diminution de 0,003 m (3 mm), cette valeur est relativement faible. Nous verrons plus loin l'effet de cette densification sur la perméabilité des différents couches du matériau et les tassements qui en sont issus.

Tableau 4.10 : variation de densité sèche des différentes couches de la base [7-28] (essai n°3)

Couche #	1	2	3	4	5	Moyenne	Ecart type (σ)	Coef. de variation (%)
ρ_{do}	1694	1897	1881	1833	1831	**1827**	80	4
ρ_{df}	1790	1926	2026	2019	1815	**1915**	111	6
$\frac{(\rho_{df}-\rho_{do})}{\rho_{do}}$	6	2	8	10	-1	5	X	X

4.2.3.3 Conductivité hydraulique

La couche 5 a connu les plus grandes variations de perméabilité locale tout au long de l'essai. Comme l'indique le tableau 4.10, cette couche est la moins compacte des cinq couches de la base, ce qui justifierait sa plus grande valeur de conductivité hydraulique. Les autres couches ont connu une légère variation de conductivité hydraulique au cours de l'essai. L'équilibre semble s'installer au début de l'essai dans les couches adjacentes au filtre et leur conductivité hydraulique n'a pas connu de changement notable. Cette base semble avoir un comportement de matériau stable capable d'empêcher la perte de ses particules fines suite à une autofiltration par accumulation. Les particules grossières se sont accumulées à l'interface au fur et à mesure que les fines étaient emportées à travers le filtre. Ces matériaux grossiers ont retenus à leur tour d'autres plus fins et ainsi de suite jusqu'à la stabilisation du mélange qui semble vite s'établir. Cette stabilisation rapide aurait limité l'érosion des particules fines.

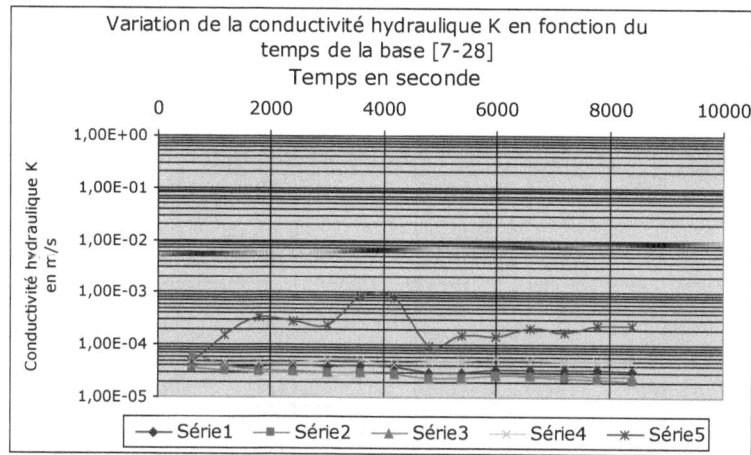

Figure 4.9: variations de perméabilité des différentes couches de la base [7-28] (essai n°3)

Le tableau 4.11 indique pour la couche 5 les plus grandes variations de conductivité hydraulique durant l'essai n°3, soit un coefficient de variation d'environ 86%, une valeur élevée par rapport à celles des autres couches. La faible densification de cette couche aurait provoqué une augmentation graduelle de la perméabilité au cours de l'essai n°3. La plus grande valeur de conductivité hydraulique observée durant la percolation est k = 8,70E-04m/s.

Tableau 4.11 : analyse statistique des résultats de perméabilité des différentes couches de la base [7-28] (essai n°3)

Temps en seconde	Conductivité hydraulique des différentes				
	Couche 1	Couche	Couche	Couche	Couche
600	3,96E-05	3,57E-05	6,47E-05	4,31E-05	4,64E-05
1200	4,13E-05	3,27E-05	4,09E-05	4,65E-05	1,57E-04
1800	3,92E-05	2,98E-05	3,38E-05	4,57E-05	3,46E-04
2400	3,96E-05	3,01E-05	3,27E-05	4,57E-05	2,88E-04
3000	3,87E-05	3,00E-05	3,00E-05	5,08E-05	2,33E-04
3600	3,97E-05	2,99E-05	3,03E-05	5,05E-05	8,70E-04
4200	3,71E-05	2,90E-05	2,78E-05	4,22E-05	7,98E-04
4800	3,01E-05	2,35E-05	2,32E-05	5,01E-05	9,71E-05
5400	3,00E-05	2,36E-05	2,31E-05	4,74E-05	1,57E-04
6000	3,36E-05	2,59E-05	2,57E-05	5,43E-05	1,43E-04
6600	3,42E-05	2,52E-05	2,63E-05	5,08E-05	2,08E-04
7200	3,38E-05	2,31E-05	2,63E-05	5,00E-05	1,79E-04
7800	3,32E-05	2,21E-05	2,55E-05	4,86E-05	2,38E-04
8400	3,28E-05	2,12E-05	2,52E-05	5,01E-05	2,31E-04
Caractéristiques statistiques					

Maximum	4,13E-05	3,57E-05	6,47E-05	5,43E-05	8,70E-04
Minimum	3,00E-05	2,12E-05	2,31E-05	4,22E-05	4,64E-05
Ecart type(σ)	3,81E-06	4,36E-06	1,08E-05	3,33E-06	2,45E-04
Coef.variation (%)	10,62	15,97	34,64	6,89	85,81
Etendue absolue	1,13E-05	1,45E-05	4,16E-05	1,21E-05	8,23E-04
Moyenne	3,59E-05	2,73E-05	3,11E-05	4,83E-05	2,85E-04

4.2.3.4 Migration des particules

Les tassements sont attribuables au compactage soit 14,4 mm contre 0,6 mm pour le tassement dû aux pertes de particules (voir tableau 4.12). Ceci serait dû à la capacité de la base d'empêcher la suffosion et le lessivage de ses particules fines.

Malgré 42% de particules de diamètre inférieur à l'ouverture de filtre (donc pouvant être entraînées), seulement 0,68% des particules ont été emportées à travers le filtre comme l'indique le tableau 4.12. Cette valeur faible confirmerait la capacité de cette base à préserver de la perte de ses particules fines sous l'effet des forces d'écoulement d'eau et de pesanteur.

Tableau 4.12 : masse de passant par unité d'aire M_P, tassements et migration des particules de la base [7-28] (essai n°3)

Base	R_R	M_P g/m²	P_1 %	P_p %	ΔH_c mm	ΔH_p mm	$\Delta H/H_o$ %
[7-28]	2,0	1273	42	0,68	14,4	0,6	6,12

4.2.4 Combinaison base [15-5]-tamis n°08 pour essai n°4

4.2.4.1 Granulométrie

On observe sur les figures 4.10 et 4.11 que les courbes granulométriques des couches de la base [15-5] avant et après l'essai n°4 présentent des différences notoires. En superposant sur la figure 4.11 les courbes granulométriques du matériau intact avec celui soumis aux forces perturbatrices (tels que récupérés dans la cellule après l'essai et sans les particules ayant passé à travers le filtre), cette différence est appréciable.

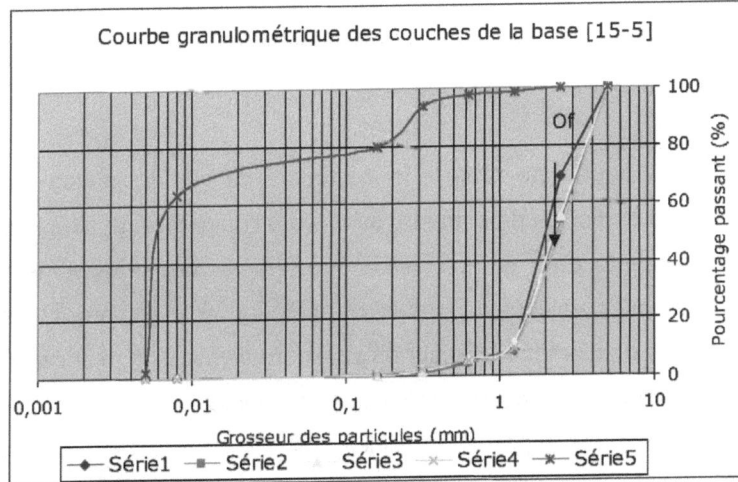

Figure 4.10: courbes granulométriques des différentes couches de la base
[15-5] après l'essai n°4

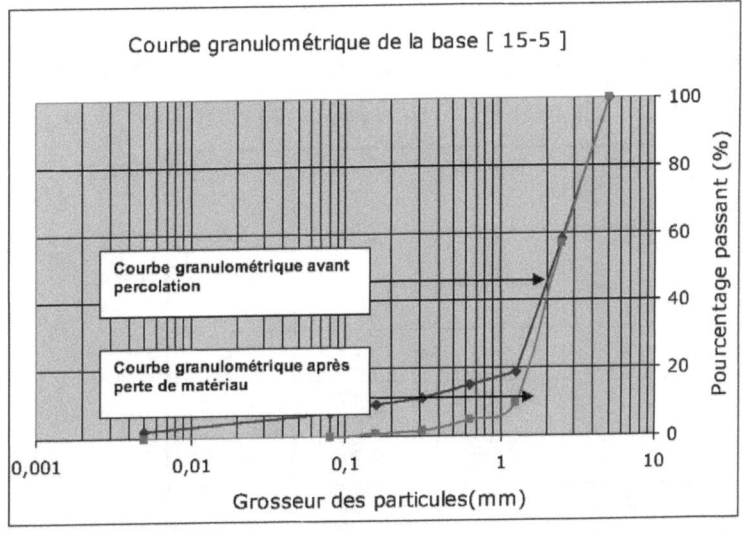

Figure 4.11: superposition des courbes granulométriques de la base [15-5] avant et après l'essai n°4

La figure 4.11 indique une différence marquée par la diminution de pourcentages des particules de diamètre inférieur à l'ouverture de filtration. L'érosion est évidente et la granulométrie du matériau est sérieusement affectée. Les grandes valeurs de pertes de matériau sont remarquables pour les particules de diamètre inférieur à l'ouverture de filtration. Il apparaît une faible résistance de la base à maintenir ses particules fines dans le squelette formé par les grosses particules. La courbe granulométrique après la percolation d'eau est celle d'un matériau instable caractérisé par le lessivage d'une quantité inacceptable de sol. Cette érosion serait liée au rapport (R_R=1,60) de rétention et à la suffosion.

Tableau 4.13 : variations des pourcentages de passants des particules des différentes couches de la base [15-5] suite à la percolation

Grosseur des particules (mm)	C1	C2	C3	C4
0,005	-2	-2	-2	-2
0,08	-7,1	-7,16	-7,17	-7,22
0,16	-9,12	-8,54	-8,87	-8,25
0,315	-10,36	-9,26	-9,85	-8,5

0,63	-11,76	-8,36	-9,43	-7,64
1,25	-12,27	-7,33	-7,88	-6,94
2,5	6,82	-4,18	-3,56	-7,71
5	0	0	0	0

Le tableau 4.13 indique que cette base a connu des variations importantes des ses caractéristiques granulométriques à la fin de l'essai n°3. Les plus grandes variations observées à la fin de l'essai sont de -12,27 pour la couche 1, -9,26 pour la couche 2, -9,85 pour la couche 3 et -8,25 pour la couche 4. Ces valeurs sont supérieures à la précision de l'analyse granulométrique qui est de 1,3% à 4,6% pour les tamis inférieurs à 5 mm et de 6,0% à 7,3% pour des tamis ayant une ouverture supérieure à 5 mm. La couche 5 a disparu à la fin de l'essai. Cette disparition serait attribuable à la suffosion et au lessivage. Les particules de diamètre inférieur à l'ouverture du filtre ont presque toutes été lessivées. L'érosion interne est importante face à l'incapacité de la base à empêcher la suffosion et le lessivage de ses particules fines. Ce comportement est propre aux matériaux instables. Le rapport de rétention et le caractère suffosif de la base ont aidés au lessivage d'une quantité importante des particules de diamètre inférieur à l'ouverture de filtration.

4.2.4.2 Compactage

Le tableau 4.14 indique que la densité moyenne du matériau est passée de 1790 kg/m^3 à 1799 kg/m^3, soit une augmentation de 0.5%. Cette valeur faible indique que ce matériau, suite à une forte érosion, a connu une modification de sa structure initiale et une faible augmentation de densité sous l'action des forces appliquées. La façon dont se repartissent les proportions des différentes particules dans un granulat, influence sur la compacité. Le lessivage des particules fines a augmenté l'indice des vides en diminuant le pourcentage des particules fines qui servaient à remplir ces vides. Ceci a donné une nouvelle courbe granulométrique peu influençable par le compactage.

Les variations de densité sèche des différentes couches du matériau dépassent 37%, ceci pourrait aussi influencer leur compactage.

Tableau 4.14: variation de densité sèche des différentes couches de la base [15-5] (essai n°4)

Couche #	1	2	3	4	5	Moyenne	Ecart type (σ)	Coef. de variation (%)
ρ_{do}	1600	1409	1396	1572	2975	**1790**	**669**	*37*
ρ_{df}	1282	1516	1790	2607	0	**1799**	**577**	*32*
$\dfrac{(\rho_{df} - \rho_{do})}{\rho_{do}}$	*-20*	*8*	*28*	*66*	*-100*	*1*	X	X

4.2.4.3 Conductivité hydraulique

Les variations de conductivité hydraulique des différentes couches de la base ne concordent pas avec les variations de densité enregistrées à la fin de l'essai n°4. A l'analyse de la figure 4.12, on pourrait penser à la présence de bulles d'air qui auraient provoqué la baisse graduelle de conductivité hydraulique de toutes les couches. La couche 4 qui est la plus compacte à la fin de l'essai n°4 devrait avoir la plus faible conductivité hydraulique. Ainsi, ces valeurs hasardeuses de variation de conductivité hydraulique ne sauraient permettre leur exploitation efficiente.

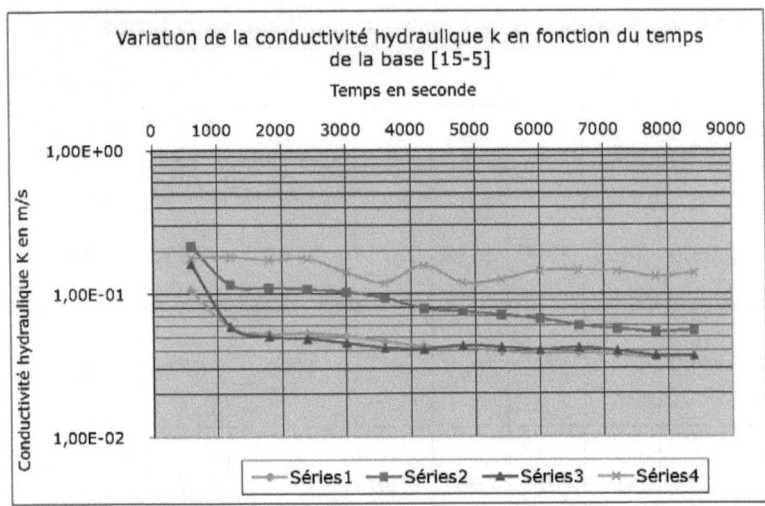

Figure 4.12: variations de perméabilité des différentes couches de la base [15-5] (essai n°4)

D'après le tableau 4.15, la couche 4 aurait la plus grande valeur moyenne de conductivité hydraulique et la couche 1, la plus faible. Ces valeurs ne sauraient justifier la plus forte densification enregistrée dans la couche 4 et la plus faible dans la couche 1 à la fin de l'essai n°4. Les bulles d'air contenues dans le sol et qui n'ont pu être dissipées seraient à la base de la baisse de la conductivité hydraulique des différentes couches de la base.

Tableau 4.15 : analyse statistique des résultats de perméabilité des différentes couches de la base [15-5] (essai n°4)

Temps en seconde	Conductivité hydraulique des différentes			
	Couche 1	Couche 2	Couche 3	Couche 4
600	1,06E-01	2,16E-01	1,62E-01	1,79E-01
1200	5,80E-02	1,15E-01	5,90E-02	1,81E-01
1800	5,24E-02	1,10E-01	5,01E-02	1,73E-01
2400	5,29E-02	1,07E-01	4,86E-02	1,76E-01
3000	5,06E-02	1,02E-01	4,51E-02	1,40E-01
3600	4,65E-02	9,30E-02	4,18E-02	1,19E-01
4200	4,27E-02	7,85E-02	4,10E-02	1,56E-01
4800	4,17E-02	7,49E-02	4,33E-02	1,18E-01
5400	3,95E-02	7,08E-02	4,22E-02	1,25E-01
6000	3,83E-02	6,65E-02	4,06E-02	1,43E-01
6600	3,86E-02	5,99E-02	4,17E-02	1,45E-01
7200	3,71E-02	5,65E-02	3,97E-02	1,43E-01
7800	3,59E-02	5,39E-02	3,69E-02	1,31E-01
8400	3,63E-02	5,52E-02	3,66E-02	1,38E-01
Caractéristiques statistiques				
Maximum	1,06E-01	**2,16E-01**	1,62E-01	1,81E-01
Minimum	**3,59E-02**	5,39E-02	3,66E-02	1,18E-01
Ecart type(σ)	**1,81E-02**	**4,23E-02**	3,23E-02	2,19E-02
Coef.variation (%)	37,36	47,01	**61,94**	**14,82**
Etendue	7,00E-02	**1,62E-01**	1,26E-01	**6,25E-02**

absolue				
Moyenne	4,83E-02	9,00E-02	5,21E-02	1,48E-01

4.2.4.4 Migration des particules

La masse de passant par unité d'aire, les tassements et le pourcentage de migration sont regroupés dans le tableau 4.16. Les tassements enregistrés à la fin de l'essai sont attribuables en grande partie aux pertes de particules soit 17,89% contre 1,1% de tassement dû au compactage. L'érosion a changé la structure initiale de la base, ce qui aurait influencé sa compactibilité.

Le rapport de rétention et la suffosion, favorisant le lessivage, n'ont pas aidé à l'augmentation de la densité du mélange.

Sur 56% de particules de diamètre inférieur à l'ouverture de filtration, 12,64 % ont été emportées par l'érosion. Cette valeur est appréciable si l'on se réfère à la configuration granulométrique de la base qui est constituée d'environ 19% de particules ayant un diamètre inférieur à 1,25 mm (donc inférieur à l'ouverture de filtration) et qui ont été presque toutes lessivées.

Tableau 4.16 : masse de passant par unité d'aire M_P, tassements et migration des particules de la base [15-5] (essai n°4)

Base	R_R	M_P g/m^2	P_1 %	P_p %	ΔH_c mm	ΔH_p mm	$\Delta H/H_o$ %
[15-5]	1,60	25236	56	12,64	1.1	28,9	7,61

4.2.5 Combinaison base [15-28]-tamis n°04 pour essai n°5

4.2.5.1 Granulométrie

La figure 4.13 indique que les courbes granulométriques des différentes couches de la base [15-28] diffèrent de celles du matériau initialement mis en place dans la cellule (figure 4.14). La couche 5 est différente des autres couches qui semblent plus ou moins semblables. Elle est celle qui a connu les plus grandes variations des pourcentages de passants.

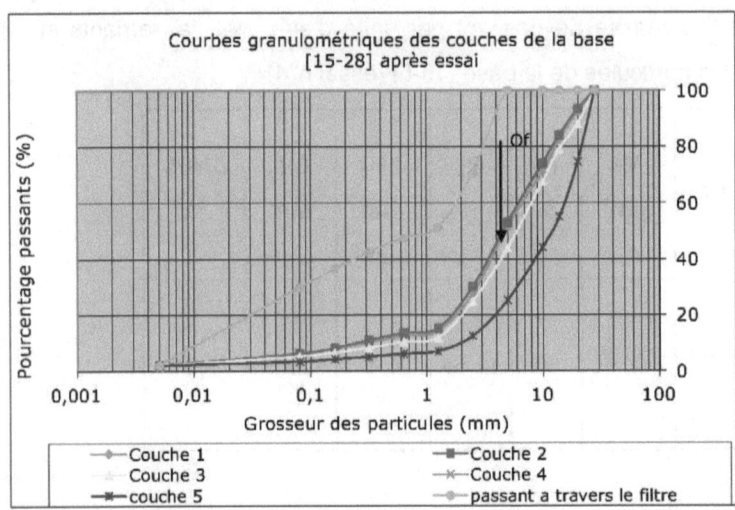

Figure 4.13: courbes granulométriques des différentes couches de la base [15-28] après l'essai n°5

La superposition des courbes granulométrique du matériau après l'essai n°5 (tel que récupéré dans la cellule et sans les particules ayant passé à travers le filtre) et celles du matériau intact permet de mieux apprécier les pertes de particules (voir figure 4.14).

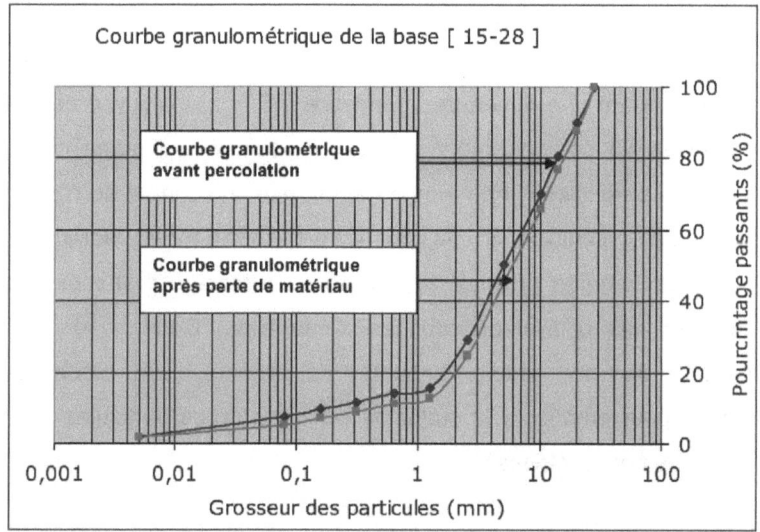

Figure 4.14: superposition des courbes granulométriques de la base [15-28] avant et après l'essai n°5.

La figure 4.14 fait apparaître une légère modification de la structure initiale de la base à la fin de l'essai n°5. Le décalage entre les deux courbes granulométriques n'est pas très prononcé et fait apparaître une certaine résistance à la suffosion.

Malgré l'instabilité interne telle qu'évaluée par la méthode de Kenney et Lau (figure 3.18) et un rapport de rétention de 1,70, les changements de granulométrie sont limités. La figure 4.14 indique que la perte de particules serait attribuable au rapport de rétention (R_R=1,70) et non à la suffosion.

Les plus grandes variations granulométriques ont été observées pour la couche 5 comme l'indique le tableau 4.21. Les autres couches ont connu des variations inférieures à la précision de l'analyse granulométrique qui est de 1,3% à 4,6% pour les tamis inférieurs à 5 mm et de 6,0% à 7,3% pour des tamis ayant une ouverture supérieure à 5 mm. L'analyse de ces variations révèle un comportement de sol non suffosif qui aurait connu l'érosion de ses particules. Cette érosion serait plus attribuable au rapport de rétention qu'à la suffosion. Si elle était liée à la suffosion, elle aurait plus affectée la granulométrie et ferait apparaître un lessivage prononcé des particules fines des différentes couches de la base. Cette base a un comportement de sol stable capable de générer un processus d'autofiltration pour empêcher la suffosion de ses propres particules sous l'effet des forces perturbatrices.

Tableau 4.17 : variations des pourcentages de passants des particules des différentes couches de la base [15-28] (essai n°5).

Grosseur des particules (mm)	C1	C2	C3	C4	C5
0,005	0	0	0	0	0
0,08	-1,47	-1,21	-0,85	-2,13	-4,31
0,16	-1,45	-1,32	-2,35	-2,46	-5,41
0,315	-2,08	-0,58	-2,52	-2,31	-6,56
0,63	-2,23	-0,49	-2,74	-2,3	-7,61
1,25	-2,34	-0,4	-2,99	-2,2	-8,04
2,5	-2,84	-0,1	-2,87	-2,43	-13,65
5	-3,31	-0,18	-1,73	-4,1	-15,6
10	-2	1,59	-1,55	-3,5	-16,45
14	-0,25	0,82	0,13	-3,12	-15,4
20	-0,95	1,88	-0,84	-1,29	-9,76
28	0	0	0	0	0

4.2.5.2 Compactage

On observe dans le tableau 4.18 que la densité moyenne de la base est passée de 1792 kg/m^3 à 1861 kg/m^3, soit une augmentation d'environ 4%.

La couche 2 a connu la plus forte densification et la couche 5 qui a enregistré les plus fortes modifications de granulométrie, la plus faible. Le rapport de rétention a occasionné l'érosion et affecté le compactage de la base.

Tableau 4.18: variation densité sèche des différentes couches de la base [15-28] (essai n°5).

Couche #	1	2	3	4	5	Moyenne	Ecart type (σ)	*Coef. de variation (%)*
ρ_{do}	1659	1804	1796	1794	1909	**1792**	89	*5*
ρ_{df}	1726	1985	1815	1859	1922	**1861**	99	*5*
$\dfrac{(\rho_{df}-\rho_{do})}{\rho_{do}}$	*4*	*10*	*1*	*4*	*1*	*1*	X	X

4.2.5.3 Conductivité hydraulique

D'après la figure 4.15, l'allure générale des courbes de conductivité hydraulique en fonction du temps est la même pour toutes les couches de la base. Cette allure est caractérisée par une brusque variation se traduisant par une chute de conductivité hydraulique 30 minutes après le début de la percolation et une augmentation 15 minutes plus tard. Une heure plus tard on assiste à une augmentation de conductivité hydraulique qui va se stabiliser dans le temps pour ensuite augmenter vers la fin de l'essai pour la couche1.

Exceptionnellement, la couche 5 affiche un décalage par rapport aux autres courbes. En principe, cette couche qui a perdu la plus grande quantité de particules fines et qui a connu l'une des plus faibles valeurs de pourcentage de compactage, devrait être la plus perméable. On pourrait alors penser que la baisse de conductivité hydraulique dans cette couche serait attribuable aux bulles d'air.

La stabilisation semble s'étaler dans le temps au fur et a mesure que les particules fines accumulées à l'interface après l'érosion étaient emportées. Cette base a le comportement d'un sol non suffosif capable de développer un processus de filtration par autofiltration malgré qu'elle ait perdu une quantité importante de sol à cause du rapport de rétention.

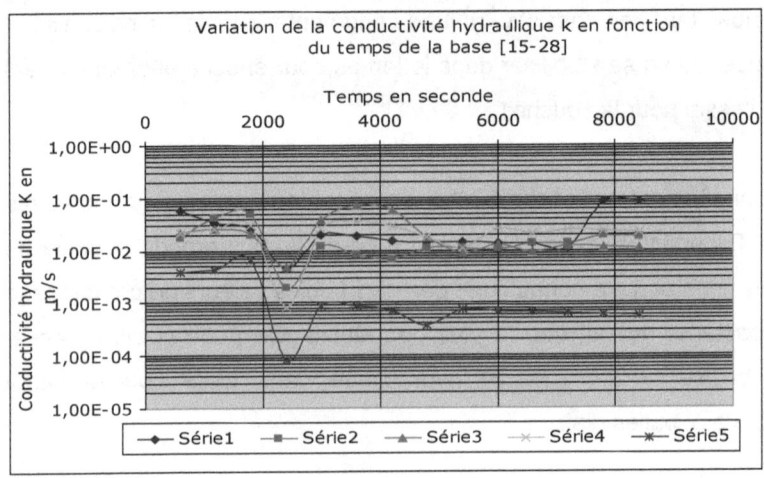

Figure 4.15: variations de perméabilité des différentes couches de la base [15-28] (essai n°5)

D'après le tableau 4.19, la couche 5 a connu la plus faible valeur moyenne de conductivité hydraulique et le plus grand coefficient de variation, soit environ 128%. Ceci serait attribuable à la présence de bulles d'air. Les autres couches ont des coefficients de variations compris entre 35 et 85%. Les valeurs moyennes de conductivité hydraulique sont peu différentes pour les 4 couches. La plus grande valeur moyenne de conductivité hydraulique enregistrée au cours de l'essai n°5 est k=2,91E-02m/s.

Tableau 4.19 : analyse statistique des résultats de perméabilité des différentes couches de la base [15-28] (essai n°5)

Temps en seconde	Conductivité hydraulique des différentes				
	Couche 1	Couche 2	Couche 3	Couche 4	Couche 5
600	5,72E-02	1,76E-02	2,20E-02	2,20E 02	3,85E-03
1200	3,33E-02	4,10E-02	2,56E-02	2,56E-02	4,48E-03
1800	2,64E-02	4,88E-02	2,03E-02	3,05E-02	6,89E-03
2400	4,63E-03	1,90E-03	4,74E-03	8,37E-04	8,30E-05
3000	1,98E-02	1,22E-02	3,81E-02	2,54E-02	8,89E-04
3600	1,86E-02	8,18E-03	7,16E-02	3,58E-02	8,64E-04
4200	1,52E-02	6,66E-03	5,83E-02	2,92E-02	7,04E-04
4800	1,40E-02	1,08E-02	1,80E-02	1,80E-02	3,60E-04
5400	1,40E-02	1,08E-02	8,98E-03	1,08E-02	7,39E-04
6000	1,35E-02	1,04E-02	1,30E-02	2,59E-02	6,73E-04
6600	1,33E-02	1,36E-02	9,27E-03	2,04E-02	6,61E-04
7200	1,07E-02	1,32E-02	1,24E-02	2,48E-02	6,30E-04
7800	8,52E-02	1,83E-02	1,15E-02	2,29E-02	5,84E-04
8400	8,23E-02	1,77E-02	1,11E-02	2,22E-02	5,69E-04
Caractéristiques statistiques					

Maximum	8,52E-02	4,88E-02	**7,16E-02**	3,58E-02	6,89E-03
Minimum	4,63E-03	1,90E-03	4,74E-03	8,37E-04	**8,30E-05**
Ecart type(σ)	**2,64E-02**	1,29E-02	1,98E-02	8,56E-03	**2,01E-03**
Coef.variation (%)	73	78	85	**38**	**128**
Etendue absolue	**8,06E-02**	4,69E-02	6,68E-02	3,49E-02	**6,81E-03**
Moyenne	**2,91E-02**	1,65E-02	2,32E-02	2,24E-02	**1,57E-03**

4.2.5.4 Migration des particules

D'après le tableau 4.20, les tassements sont attribuables aux pertes de particules avec 10,92 mm et au compactage avec 5,58 mm. Même si la moitié des particules de la base ont un diamètre inférieur à l'ouverture du filtre et donc sont susceptibles d'être lessivées sous l'effet des forces perturbatrices (si le matériau était suffosif), seulement 8,39% ont été entraînées à travers le filtre. Cette combinaison a un rapport de rétention assez grand qui n'a pu permettre des modifications importantes de la courbe granulométrique à la fin de l'essai. La quantité de sol ayant passé à travers le filtre est certes non négligeable mais ne peut être explicable par la suffosion.

Tableau 4.20: masse de passant par unité d'aire M_P, tassements et migration des particules de la base [15-28] (essai n°5)

Base	R_R	M_P g/m²	P_1 %	P_p %	ΔH_c mm	ΔH_p mm	$\Delta H/H_o$ %
[15-28]	1,70	1829	50	8,39	5,58	10,92	8,16

4.2.6 Combinaison base [15-28]-tamis n°20 pour essai n°6

4.2.6.1 Granulométrie

On observe sur la figure 4.16 que les courbes granulométriques des différentes couches de la base sont peu différentes à la fin de l'essai. Cette légère différence est remarquable pour les particules de diamètre compris entre 0,2 mm et 2 mm.

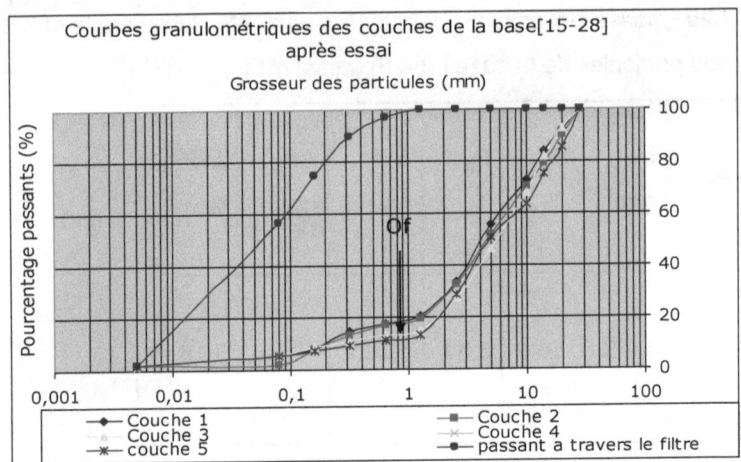

Figure 4.16: courbes granulométriques des différentes couches de la base [15-28] en combinaison avec le tamis n°20 après l'essai n°6

La superposition des courbes granulométriques du matériau initial et de celui récupéré dans la cellule à la fin de l'essai, indique sur la figure 4.17 que ces courbes sont semblables.

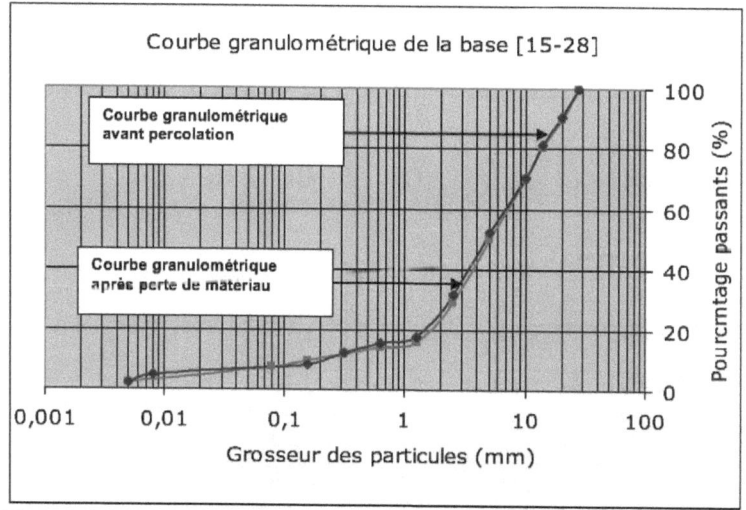

Figure 4.17: superposition des courbes granulométriques de la base [15-28] en combinaison avec le tamis n°20 avant et après l'essai n°6

On observe sur les tableaux 4.17 et 4.21 que les variations de pourcentages de particules avant et après l'essai n°6 sont moins considérables que celles de l'essai n°5. Les plus fortes variations sont de -4,47% pour la couche 1, 5,36% pour la couche 2, -6,21 pour la couche 3, -5,28 pour la couche 4 et 5,17 pour la couche 5. Signalons que l'essai n°5 a connu des variations allant jusqu'à 16,45% pour la couche 5. La différence est beaucoup plus marquée avec les variations des couches 5 des deux combinaisons mais ces variations n'affectent que de peu la base en entier.

Tableau 4.21 : variations des pourcentages de passants des particules des différentes couches suite à la percolation : base [15-28]- tamis n°20

Grosseur des particules (mm)	C1	C2	C3	C4	C5
0,005	0	0	0	0	0
0,08	-1,93	-4,75	-0,85	-1,15	-1,71
0,16	-1,95	-1,08	-1,56	-0,56	-1,98
0,315	-3,01	0,55	-3,09	-2,54	-3,23
0,63	-3,29	1,47	-3,61	-2,74	-3,52
1,25	-3,45	2,17	-4,15	-3,33	-3,64
2,5	-4,47	3,64	-5,64	-4,17	0,19
5	-2,69	5,36	-6,21	-5,28	5,17
10	-1,13	2,44	-2,6	-5,28	-0,17
14	0,85	-1,89	-0,38	-4,05	-0,69
20	0,24	-4,29	1,18	-1,31	-2,97
28	0	0	0	0	0

Pour le même matériau, avec les ouvertures de filtre différentes, la base a un comportement peu différent dans les deux cas. Il y a eu érosion même si elle n'a affecté que de peu la courbe granulométrique du sol. Les courbes granulométriques après les essais n°5 et n°6 diffèrent de peu et indiquent, malgré le caractère instable d'après la méthode de Kenney et Lau, que cette base semble ne serait pas suffosive.

4.2.6.2 Compactage

Le tableau 4.22 indique que la densité du mélange est passée de 1791 kg/m^3 à 1921 kg/m^3, soit une augmentation d'environ 7% contre une augmentation d'environ 4% pour l'essai n°5. L'ouverture du filtre a influencé le compactage de la base; le sol a connu une plus forte densification avec un tamis d'ouverture plus petite.

Tableau 4.22 : variation de densité sèche des différentes couches de la base [15-28]-tamis N°20 (essai n°6)

Couche #	1	2	3	4	5	Moyenne	Ecart type (σ)	*Coef. de variation (%)*
ρ_{do}	1686	1819	1815	1819	1817	**1791**	59	*3*
ρ_{df}	2036	2074	2052	1833	1607	**1920**	**200**	*10*
$\dfrac{(\rho_{df}-\rho_{do})}{\rho_{do}}$	*21*	*14*	*13*	*1*	*-12*	*1*	*X*	*X*

4.2.6.3 Conductivité hydraulique

Sur la figure 4.18, l'allure générale des courbes de perméabilité n'est guère significative du comportement en filtration de la base [15-28]. Bien que le rapport de rétention soit de 0,30, cette combinaison aurait tendance au colmatage externe qui pourrait provoquer cette baisse de conductivité hydraulique si les particules fines arrivaient à se mouvoir et à s'accumuler à l'interface. Or, la figure 4.17 indique que les courbes granulométriques du matériau initial et de celui récupéré à la fin de l'essai n°6 sont identiques et que la couche en contact avec le filtre n'a pas connu d'augmentation de quantité de particules fines mais bien le contraire.

D'autres part, la couche 4 qui a été moins compactée que les trois premières couches, est devenue moins perméable que ces dernières. On pourrait penser alors que les variations de conductivité hydraulique sur la figure 4.18 auraient été fortement influencées par la présence de bulles d'air qui auraient provoqué cette baisse de conductivité hydraulique.

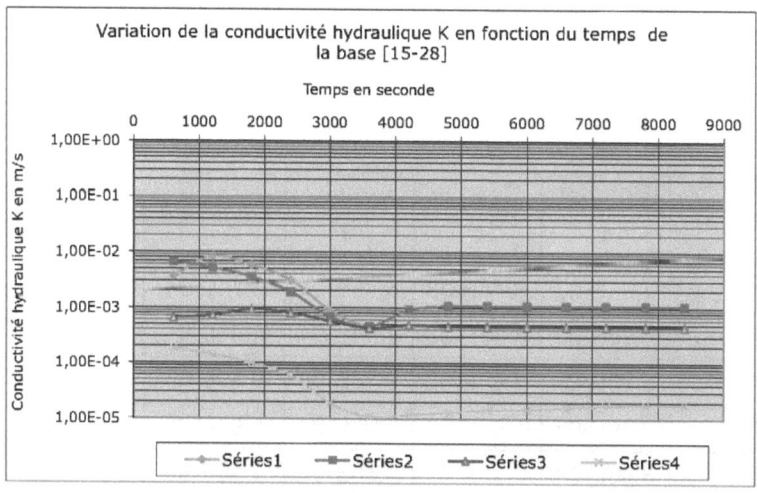

Figure 4.18: variations de perméabilité des différentes couches de la base [15-28]-tamis n°20 (essai n°6)

Le tableau 5.3 indique une plus petite valeur moyenne de perméabilité de 4,49E-05 m/s contre 1,57E-03 m/s pour l'essai n° 5. La plus grande valeur moyenne est 1,91E-03 m/s contre 2,32E-02 m/s pour la combinaison avec les tamis n° 4. Ces valeurs présentent de grands écarts qui seraient attribuables à l'ouverture de filtration et à l'incertitude des valeurs de conductivité hydraulique causée par la présence des bulles d'air. La perméabilité a diminué pour la même base et dans les mêmes conditions d'essai pour une ouverture de filtration plus petite. Ceci pourrait être lié à la densification de la base pour une ouverture de filtration plus petite qui aurait affecté sa perméabilité.

Tableau 4.23 : analyse statistique des résultats de perméabilité des différentes   couches de la base [15-28]-tamis n°20 (essai n°6)

Temps en seconde	Conductivité hydraulique des différentes couches			
	Couche 1	Couche 2	Couche 3	Couche 4
600	3,65E-03	6,74E-03	6,48E-04	1,79E-04
1200	8,35E-03	5,14E-03	7,14E-04	1,40E-04
1800	5,73E-03	3,52E-03	9,18E-04	9,79E-05
2400	3,09E-03	1,90E-03	7,92E-04	5,94E-05
3000	8,83E-04	6,79E-04	5,66E-04	1,89E-05
3600	4,42E-04	4,54E-04	4,25E-04	1,08E-05
4200	4,42E-04	9,08E-04	4,86E-04	1,17E-05
4800	4,43E-04	1,05E-03	4,61E-04	1,29E-05
5400	4,44E-04	1,05E-03	4,62E-04	1,42E-05
6000	4,44E-04	1,05E-03	4,62E-04	1,49E-05
6600	4,45E-04	1,05E-03	4,63E-04	1,59E-05
7200	4,44E-04	1,05E-03	4,62E-04	1,71E-05
7800	4,44E-04	1,05E-03	4,62E-04	1,80E-05
8400	4,45E-04	1,05E-03	4,63E-04	1,80E-05
Caractéristiques statistiques				
Maximum	8,35E-03	6,74E-03	9,18E-04	1,79E-04
Minimum	4,42E-04	4,54E-04	4,25E-04	1,08E-05
Ecart type(σ)	**2,49E-03**	1,88E-03	1,53E-04	**5,47E-05**
Coef.variation (%)	**135,81**	98,77	**27,49**	121,87

Etendue absolue	**7,91E-03**	6,29E-03	4,92E-04	**1,69E-04**
Moyenne	1,84E-03	**1,91E-03**	5,56E-04	**4,49E-05**

4.2.6.4 Migration des particules

La masse de passant par unité d'aire est de 18291 g/m^2 avec l'essai n°5 contre 7491 g/ m^2 avec l'essai n°6. Le diamètre d'ouverture n'est pas directement proportionnel à la masse de passant à travers le filtre.

Les tassements dus au compactage sont plus importants dans l'essai n°6. Ce qui semble raisonnable si l'on sait que la faible ouverture de filtration pour avoir empêché une perte de matériau aussi importante que dans l'essai n°5, a provoqué un plus grand compactage du mélange.

Avec 18% de particules de diamètre inférieur à l'ouverture de filtration, environ la moitié soit 9.54% ont été entraînées dans l'essai n°6 alors que 8,39% ont été emportées sur les 50% de particules de diamètre inférieur à l'ouverture dans l'essai n°5.

Notons toutefois que ces caractéristiques ne représentent pas grand chose et on pourrait ainsi retenir pour la base avec les ouvertures de filtration différentes, les variations granulométriques et les variations de perméabilité suite aux modifications de densité de mélange à la fin des essais.

Tableau 4.24 : masse de passant par unité d'aire M_P, tassements et migration des particules de la base [15-28]-tamis n°20 (essai n°6)

Base	R_R	M_P g/m^2	P_1 %	P_p %	ΔH_c mm	ΔH_p mm	$\Delta H/H_o$ %
[15-28]	0,3	7491	18	9,54	16,58	13,42	12,24

4.2.7 Combinaison base [15-5]-tamis n°20 pour essai n°7

4.2.7.1 Granulométrie

Les courbes de la figure 4.19 sont peu différentes des courbes de la figure 4.10 (pour l'essai n°4). Les deux combinaisons ont subi des variations des caractéristiques granulométriques sous l'effet des forces perturbatrices. Les modifications granulométriques à la fin de l'essai n°7 sont aussi appréciables.

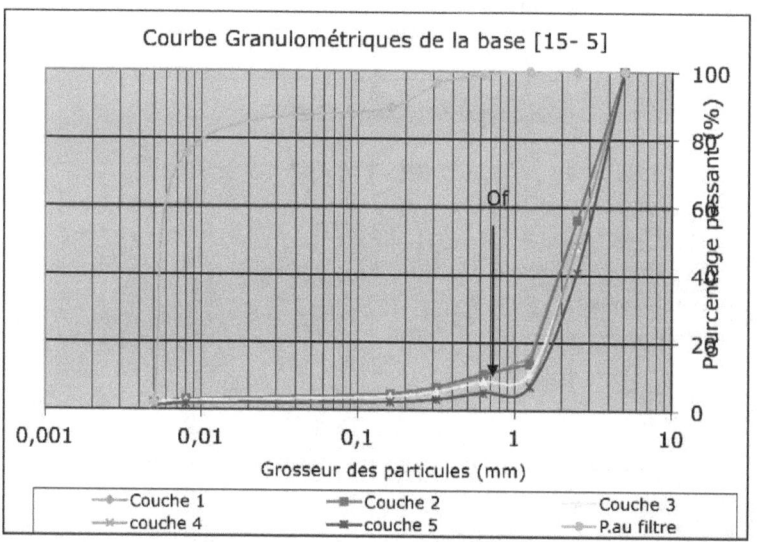

Figure 4.19: courbes granulométriques des différentes couches de la base [15-5] en combinaison avec le tamis n°20 après l'essai n°7

On observe sur la figure 4.20 des modifications notoires de la granulométrie après l'essai de percolation. Bien que la combinaison de l'essai n°7 ait une ouverture de filtration d'environ 3 fois plus petite, l'allure générale des courbes semble être la même que dans l'essai n°4. Cependant, après l'essai n°7, il n'y a pas eu de lessivage total des particules des diamètres inférieures à 0,315 mm. L'ouverture du filtre a influencé le lessivage même si elle n'a pu empêcher une perte de particules aussi appréciable que dans la combinaison de l'essai n°4. Contrairement à ce dernier, la couche 5 n'a pas disparu à la fin de l'essai n°7.

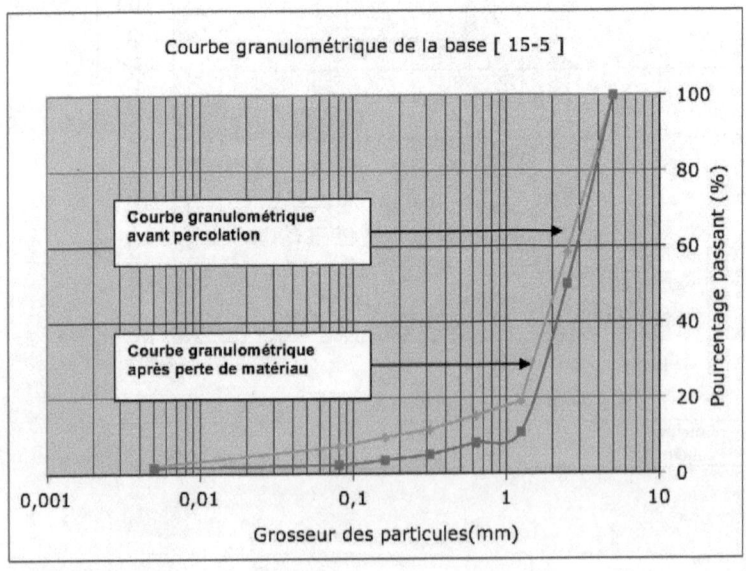

Figure 4.20: superposition des courbes granulométriques de la base [15-5]-tamis n°20 avant et après l'essai n°7

D'après le tableau 4.25, les particules de diamètre inférieur à 0,080 mm ont été presque toutes emportées par l'érosion. Même si l'analyse de ce tableau fait ressortir une certaine tendance à l'autofiltration par accumulation des grosses particules à l'interface base-filtre, cette base a un comportement de sol instable caractérisé par la suffosion et le lessivage de ses particules fines. Que le rapport de rétention soit plus petit où plus grand que 1, les pertes de matériaux sont appréciables et les courbes granulométriques après les essais n°4 et 7 affichent un décalage par rapport à la courbe granulométrique du matériau initial.

Tableau 4.25 : variations des pourcentages de passants des particules des différentes couches de base [15-5]-tamis n°20 (essai n°7)

Grosseur des particules (mm)	C1	C2	C3	C4	C5
0,005	0	0	0	0	0
0,08	-4,34	-3,94	-3,67	-4,53	-5,47
0,16	-4,9	-4,36	-4,78	-5,76	-6,27
0,315	-8	-3,81	-4,86	-6,48	-6,49
0,63	-3,38	-3,02	-5,29	-7,13	-6,52
1,25	-0,05	-1,88	-4,86	-7,44	-6,05

2,5	5,39	5,41	1,93	-7,53	-4,8
5	0	0	0	0	0

4.2.7.2 Compactage

L'ouverture de filtration bien qu'environ 3 fois supérieure pour l'essai n°4 par rapport l'essai n°7 n'a pas eu d'effet sur le compactage de la base. La densité moyenne du mélange est maintenue constante dans les deux cas. Le lessivage n'a pu permettre une densification du mélange.

Tableau 4.26 : variation de densité sèche des différentes couches de la base [15-5]-tamis n°20 (essai n°7)

Couche #	1	2	3	4	5	Moyenne	Ecart type (σ)	Coef. de variation (%)
ρ_{do}	1678	1819	1818	1818	1818	1790	63	4
ρ_{df}	1642	1441	1719	1622	2587	1802	450	25
$\dfrac{(\rho_{df}-\rho_{do})}{\rho_{do}}$	-2	-21	-5	-11	42	1	X	X

4.2.7.3 Conductivité hydraulique

La figure 4.26 indique que les courbes de perméabilité ont connu des variations dans le temps. La base est devenue environ 3 fois moins perméable à la fin de l'essai n°7 tout comme dans l'essai n°4.

La couche 1 est devenue environ 15 fois moins perméable à la fin de l'essai n°7 alors qu'elle l'a été environ 3 fois moins dans l'essai n°4. La faible ouverture de filtration a provoqué une accumulation de particules fines à l'interface beaucoup plus importante que dans l'essai n°4. Cette accumulation a provoqué un colmatage externe du filtre qui a affecté à son tour la perméabilité de la base. Le rapport de rétention $R_R<1$ a provoqué ce colmatage face à l'incapacité de la base d'empêcher la suffosion et par conséquent l'accumulation de ses particules fines à l'interface. Le comportement de la base dans les essais n°4 et n°7 est celui d'un sol suffosif caractérisé par un lessivage suivi du colmatage externe du filtre par les particules qui n'ont pu être expulsées.

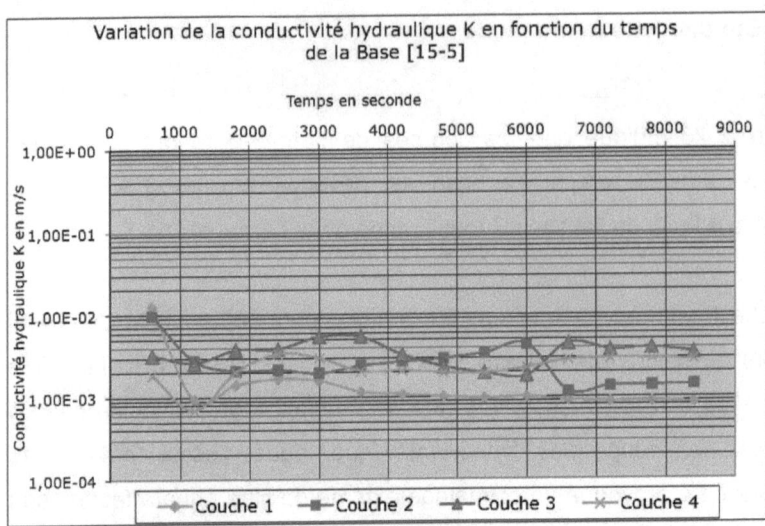

Figure 4.21: variations de perméabilité des différentes couches de la base [15-5]-tamis n°20 (essai n°7)

D'après le tableau 4.27, la couche 1 a connu la plus forte variation au cours de l'essai soit 160,25% contre 61,94 % pour la couche 3 dans l'essai n°4. Tout comme les essais n°5 et 6, les variations sont beaucoup plus importantes avec les tamis de faible ouverture. La plus forte et la plus petite valeur moyenne de perméabilité sont respectivement de 1,48E-01 m/s et 4,83E-02 m/s contre 3,50E-03 m/s et 1,93E-03 m/s pour l'essai n°4.

La perméabilité de la base a diminué pour une ouverture de filtration plus petite. L'ouverture de filtration a plus influencé sur les caractéristiques hydrauliques que granulométriques à l'analyse des deux essais.

Tableau 4.27 : analyse statistique des résultats de perméabilité des différentes couches de la base [15-5]-tamis n°20 (essai n°7)

Temps en seconde	Perméabilité des différentes couches			
	Couche 1	Couche 2	Couche 3	Couche 4
600	1,26E-02	9,72E-03	3,24E-03	1,87E-03
1200	9,40E-04	2,80E-03	2,62E-03	6,99E-04
1800	1,42E-03	2,10E-03	3,75E-03	2,02E-03
2400	1,67E-03	2,15E-03	3,84E-03	3,36E-03
3000	1,59E-03	1,96E-03	5,38E-03	2,99E-03
3600	1,16E-03	2,38E-03	5,37E-03	2,06E-03
4200	1,08E-03	2,67E-03	3,25E-03	2,08E-03
4800	1,01E-03	2,93E-03	2,33E-03	1,97E-03
5400	9,68E-04	3,38E-03	1,95E-03	1,95E-03
6000	9,99E-04	4,31E-03	1,79E-03	2,24E-03
6600	9,12E-04	1,17E-03	4,43E-03	2,81E-03
7200	8,78E-04	1,34E-03	3,72E-03	2,92E-03
7800	8,92E-04	1,36E-03	3,89E-03	2,90E-03
8400	8,53E-04	1,40E-03	3,46E-03	2,84E-03
Caractéristiques statistiques				

Maximum	1,26E-02	9,72E-03	5,38E-03	3,36E-03
Minimum	8,53E-04	1,17E-03	1,79E-03	6,99E-04
Ecart type(σ)	3,09E-03	2,17E-03	1,10E-03	6,82E-04
Coef.variation (%)	160,25	76,48	31,53	29,17
Etendue absolue	1,18E-02	8,55E-03	3,59E-03	2,66E-03
Moyenne	1,93E-03	2,83E-03	3,50E-03	2,34E-03

4.2.7.4 Migration des particules

Même si les tassements dus au compactage sont peu différents d'après les tableaux 4.16 et 4.28, il existe cependant une différence entre les tassements dus aux pertes de particules soit 28,9 mm pour l'essai n°4 contre 8,37 mm pour l'essai n°7. Cette différence serait attribuable au tassement total mesuré à la fin de l'essai n°4 dont la disparition de la couche 5 a rendu plus grand. Cependant les pourcentages de tassement sont semblables. Sur 18% des particules de diamètre inférieur à l'ouverture de filtration, 28% de cette masse ont été entraînées par l'érosion alors qu'avec l'essai n°4, sur 56% des particules de diamètre inférieur à l'ouverture de filtration, 12,64% de cette masse ont été entraînées. Signalons toutefois que pour des valeurs de masse de particules ayant passé à travers le filtre, cette différence réside essentiellement du pourcentage de particules de diamètre inférieur à l'ouverture de filtration et ne peut servir de comparaison.

Tableau 4.28 : masse de passant par unité d'aire M_P, tassements et migration des particules de la base [15-28]-tamis n°20 (essai n°7)

Base	R_R	M_P g/m²	P_1 %	P_p %	ΔH_c mm	ΔH_p mm	$\Delta H/H_o$ %
[15-5]	0,6	22473	18	28,61	1,63	8,37	4,08

Chapitre 5

Discussion

Dans ce chapitre, nous discuterons des aspects suivants :

- l'influence de la granulométrie sur le comportement en filtration et validité de la méthode de Kenney et Lau;

- validité des types de comportement en filtration en fonction du rapport de rétention R_R;

- l'influence du rapport de rétention R_R sur la masse de passant par unité d'aire M_P (validité du diamètre indicatif);

- rapport entre la conductivité hydraulique et le comportement en filtration;

- validité du modèle de Lafleur et al. (1989).

5.1 Influence de la granulométrie sur le comportement en filtration et validité de la méthode de Kenney et Lau

L'écoulement de l'eau dans le sol exerce des forces de traînées sur les particules qui conséquemment ont tendance à se déplacer. La résistance au déplacement des particules peut résulter dans le cas des sols granulaires non cohérents de l'emprisonnement des particules à l'intérieur du squelette formé par les particules plus grosses. Plusieurs travaux ont montré que la forme de la courbe granulométrique influe sur cette mobilité des particules.

Les essais n°4 et 7 ont été réalisés avec la base [15-5] dont la courbe granulométrique est concave vers le haut, étalée dans la portion fine et moins étalée dans la portion grossière. Cette courbe granulométrique est telle que les particules fines ne peuvent être emprisonnées à l'intérieur du squelette formé par les grosses particules. Cette courbe est jugée instable suivant la méthode de Kenney et Lau. On observe sur le tableau 5.1 que les masses de passant par unité d'aire M_P sont les plus élevées (supérieures à la limite de 2500 g/m^2 fixée par Lafleur et al.(1989)) pour les essais n°4 et 7 et les pourcentages de compactage les plus faibles. Les conductivités hydrauliques bien qu'ayant diminuées à la fin des essais sont néanmoins les plus grandes à l'exception de l'essai n°5. La base a eu un comportement de sol suffosif et sa courbe granulométrique à la fin des essais a présenté un décalage du au lessivage presque total de toutes les particules fines (voir figures 4.11 et 4.20).

La base [7-315] a une courbe granulométrique uniforme avec une valeur de $C_u < 6$. Cette courbe est jugée stable suivant la méthode de Kenney et Lau et le tableau 5.1 indique que les valeurs de M_P sont inférieures à 2500 g/m2. Il n'y a pas de décalage entre la courbe du matériau intact et de celui récupéré dans la cellule à la fin de l'essai n°1. Le comportement en filtration a indiqué celui d'un sol non suffosif capable de développer un processus d'autofiltration.

Les bases [7-5], [7-28] et [15-28] ont des courbes granulométriques étalées dans la portion grossière et peu étalée dans la portion fine. Ces courbes sont telles que le squelette formé par les particules plus grosses peut emprisonner la portion fine. Les bases [7-5] et [7-28] sont jugées stables suivant la méthode de Kenney et Lau et la base [15-28], instable suivant la même méthode. Les courbes granulométriques des matériaux récupérés dans la cellule à la fin des essais n°2 et 3 étaient semblables à celles des matériaux initiaux. Les masses de M_P indiquées dans le tableau 5.1 sont inférieures à 2500 g/m² et le comportement en filtration a indiqué celui de sol non suffosif.

Tableau 5.1 : récapitulatif des caractéristiques des différentes bases testées

Base	[7-315]	[7-5]	[7-28]	[15-5]	[15-5]	[15-28]	[15-28]
Essai n°	1	2	3	4	7	5	6
O_F (mm)	0,150	0,297	0,600	2,38	0,840	4,75	0,840
d_I (mm)	0,27	0,20	0,30	1,50	1,50	2,85	2,85
R_R	0,60	1,50	2,00	1,60	0,60	1,70	0,30
M_P (g/m²)	1418	873	1273	25236	22473	18291	7491
ε (%)	14,22	4,08	6,12	7,61	4,08	8,16	12,4

$\rho_{initial}$ kg/m³	1326	1788	1826	1790	1791	1792	1791
ρ_{final} kg/m³	1540	1822	1940	1799	1802	1861	1921
$\Delta\rho/\rho_o$ (%)	16	2	6	0,5	0,6	4	7
k_{0m} (m/s)	1E-6	1,2E-4	5E-5	1,6E-1	7E-3	3E-2	4E-3
K_{fm} (m/s)	2E-6	2E-4	7E-5	4.27E-2	2E-3	3E-2	7E-4
k_{pm} (m/s)	8,71E-7	9,55E-5	2,73E-5	4,83E-2	1,93E-3	1,57E-3	4,49E-5
Stabilité Kenney et Lau	Oui	Oui	Oui	Non	Non	Non	Non
P_1 (%)	30	43	42	56	18	50	18
P_p (%)	1,49	0,47	0,68	12,64	28,61	8,39	9,54
Suffosif	Non	Non	Non	Oui	Oui	Non	Non

Même si la base [15-28] est jugée instable suivant la méthode de kenney et Lau et que les masses de passant par unité d'aire soient supérieures à 2500 g/m², les courbes granulométriques du matériau récupéré dans la cellule à la fin des essais n°5 et 6 sont presque semblables à celle du matériau initial. Le comportement en filtration a indiqué celui d'un sol non suffosif dont les valeurs élevées de M_P seraient plutôt attribuables au rapport de rétention et non à la suffosion.

Le tableau 5.1 indique que les bases ayant un le comportement non suffosif ont connu une augmentation de densité plus grande que 1 et celles dont le comportement est suffosif, cette valeur est plus petite que 1.

La méthode de Kenney et Lau ne semble pas suffisante pour juger de la stabilité granulométrique d'un matériau granulaire. Cette stabilité granulométrique peut dépendre des conditions de sol, d'écoulement et de charge en présence. Les essais que nous avons réalisés l'ont pas été dans les mêmes conditions que celles de Kenney et Lau. La meilleure façon de juger de la stabilité granulométrique serait de réaliser des essais sur les matériaux.

5.2 Validité des types de comportement en filtration en fonction du rapport de rétention R_R

Les différents types de comportement en filtration observés par Lafleur (1989) sont le lessivage pour $R_R \gg 1$, la formation de structure avec pontage ou formation d'arche pour $R_R \approx 1$ et le colmatage externe pour $R_R \ll 1$.

La base [15-5] dans l'essai n°7, malgré une valeur de R_R < 1 a connu un lessivage caractérisé par le passage d'une quantité inacceptable de sol (>2500 g/m²). Avec la même valeur de rapport de rétention pour les essais n°7 et 1, soit 0,60, le premier a connu environ 16 fois plus d'érosion que le second et les comportements en filtration sont totalement différents

La base [7-5] dans l'essai n°2 a connu le plus faible lessivage malgré une valeur de R_R = 1,50 (R_R > 1).

La base [7-28] dans l'essai n°3 avec un rapport de rétention le plus grand a connu mois de lessivage que les bases dans les essais n°1, 4, 5, 6 et 7.

La base [15-5] suffosive a connu le plus fort lessivage indépendamment de la valeur du rapport de rétention.

Pour une base non suffosive, il n'y a pas de lessivage ou de colmatage externe quelque soient les valeurs R_R déterminées dans cette étude.

Il semble que la taille des particules qui favorise la rétention des sols sans cohésion d'après Lafleur et al. (1989) et qui correspond à d_l = d_{85} pour les sols avec C_u < 6 et à d_l = d_{30} pour les sols ayant une granulométrie concave cers le haut ne reflète pas la réalité dans le comportement des bases étudiées.

5.3 Influence du rapport de rétention R_R sur la masse de passant par unité d'aire Mp

La figure 5.1 indique une dispersion des valeurs de M_p en fonction de R_R. On remarque cependant que pour des bases jugées stables suivant la méthode de Kenney et Lau, les valeurs de M_p sont inférieures à 2500 g/m^2 et supérieures à 2500 g/m^2 pour celles jugées instables suivant la même méthode.

Le tableau 5.1 indique avec les essais n°4, 5, 6 et 7 que pour la même base, M_P augmente avec R_R.

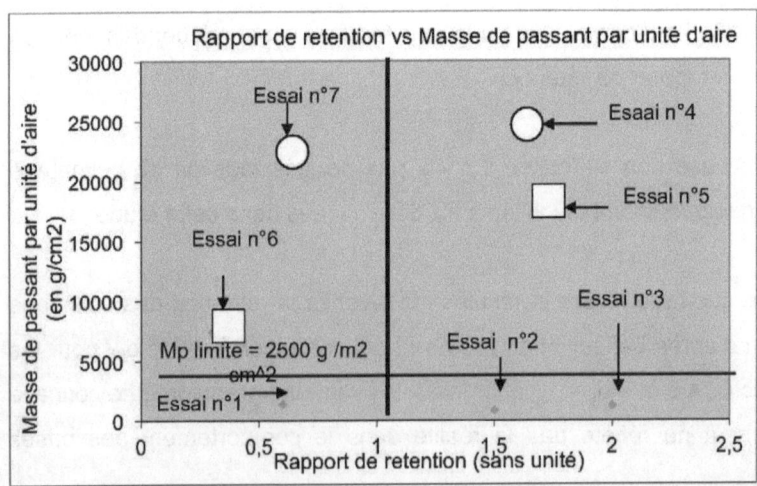

Figure 5.1: rapport de rétention R_R vs Masse de passant par unité d'aire M_p

À l'analyse des résultats, Il apparaît que M_P est liée au caractère suffosif de la base qui est à son tour lié au diamètre caractéristique.

5.4 Conductivité hydraulique et stabilité interne

On observe sur le tableau 5.1 que les bases jugées stables suivant la méthode de Kenney et Lau ont les plus faibles valeurs de conductivité hydrauliques et celles jugées instables par la même méthode ont les plus grandes valeurs de conductivité hydrauliques. Les conductivités hydrauliques moyennes initiales k_o ont augmenté à la fin des essais n°1, 2 et 3 avec les bases jugées stables. Elles ont diminué à la fin des essais n°4, 5, 6, et 7 avec les bases jugées instables.

Les plus faibles valeurs de conductivités hydrauliques sont enregistrées au cours des essais n°4 et 7 qui ont donné les plus faibles valeurs de $\Delta\rho/\rho_0$. La base [7-315] dans l'essai n°1 a été la moins perméable et a connu plus grand pourcentage de compactage.

5.6 Validité du modèle de Lafleur et al. (1989)

Le tableau 5.2 indique une différence importante entre les valeurs de M_p et ΔH mesurées et calculées. Le modèle de Lafleur et al. (1989) sous-estime les valeurs de M_p et de ΔH. Cependant les valeurs de M_p calculées par cette méthode et mesurées sont inférieures à 2500 g/m2 pour les essais n°1, 2, 3 et supérieures à 2500 g/m2 pour les essais n°4, 5, 6 et 7. Ceci qui confirme la stabilité des différentes bases d'après la méthode de Kenney et Lau.

Les différences majeures résident principalement dans le fait que le modèle de Lafleur et al. (1989) ne tient pas compte du tassement dû au compactage. Ceci affecte les valeurs ΔH et de M_p calculés. Aussi le modèle admet que la densité du sol demeurant dans chaque couche soit égale à la densité sèche de mélange initial et que toutes les particules de diamètre inférieur à la constriction soient entraînées. Enfin la valeur se R_R' prise égale à 9 dans ce modèle affecte les résultats.

Tableau 5.2: Masse de passant par unité d'aire et tassements calculés et mesurés

Base	Essai #	ΔH_{cal} (mm)	M_{cal} g/m^2	ΔH_{mes} (mm)	M_{mes} g/m^2
[7-315]	1	0,016	21	0,7	1418
[7-5]	2	0,25	447	5,4	873
[7-28]	3	1,68	2068	0,6	1273
[15-5]	4	3,05	5460	28,9	25236
[15-28]	5	4,2	7527	10,9	22473
[15-28]	6	1,96	3510	13,4	18291

[15-5]	7	1,15	2060	8,4	7491

Chapitre 6

Conclusion

L'approche expérimentale adoptée dans cette étude nous a permis de mieux comprendre le comportement en filtration des différentes bases.

Il ressort de cette étude que certaines courbes granulométriques comprises dans le fuseau du ministère des Transports sont suffosives et les pertes de matériau par lessivage dépassent la limite de 2500 g/m^2.

La méthode de Kenney et Lau ne semble suffisante pour juger de la stabilité des matériaux granulaires. Le comportement en filtration peut dépendre en plus des conditions de sol, des conditions d'écoulement et de charge en présence. La meilleure façon de juger de la stabilité d'un sol serait de réaliser des essais.

Les différents comportements observés suivant les valeurs du rapport de rétention sont différents des types de comportement observés par Lafleur et al. (1989). Ceci serait lié au mauvais choix de la taille des particules qui favoriseraient la rétention des sols sans cohésion et correspondant à $d_i=d_{85}$ pour les sols uniformes et $d_i= d_{30}$ pour les sols ayant une granulométrie concave vers le haut.

La forme de la courbe granulométrique influe sur le comportement en filtration. Les bases uniformes peuvent développer le processus de filtration et les masses de passant par unité d'aire sont inférieures à 2500 g/m2. Les bases qui ont une granulométrie concave vers le haut sont autofiltrantes si leur courbe granulométrique est telle que les particules peuvent être emprisonnées à l'intérieur du squelette formée par les grosses particules.

Le bases jugées instables suivant la méthode de Kenney et Lau sont beaucoup plus perméables alors que celles jugées stables sont moins perméables.

Pour une même base, la masse de passant par unité d'aire augmente avec le rapport de rétention.

Le comportement en filtration des matériaux granulaires peut dépendre de plusieurs facteurs tels que le diamètre d'ouverture du filtre donc le rapport de rétention, le degré de compacité, de l'étalement de la courbe granulométrique, le choix du diamètre indicatif, du pourcentage des particules fines et des conditions d'écoulement.

L'utilisation de certaines de ces compositions granulométriques (pourtant admises dans le fuseau du Ministère transports du Québec) en construction routière peut affecter la durabilité des chaussées par leur caractère suffosif. La maîtrise des caractéristiques hydrauliques et granulométriques sont de conditions essentielles à l'utilisation des matériaux granulaires dans la construction routière. Aussi, compte tenu de leur comportement en filtration lié à plusieurs facteurs, l'utilisation de ces matériaux peut constituer un défi de taille.

Chapitre 7

Recommandations

L'approche expérimentale telle que adoptée dans le cadre de ce projet ne reflète pas les conditions réelles d'écoulement qui sont celles d'un milieu saturé ou non à pression interstitielle négative. Les valeurs de perméabilité ainsi obtenues peuvent diminuer de plusieurs ordres de grandeur.

Il serait plus approprié d'utiliser de l'eau désaérée et de contrôler le degré de saturation au cours de l'essai pour obtenir des valeurs de conductivités hydrauliques plus aisément exploitables.

Un grand nombre d'essais avec des combinaisons plus variées contribuerait à mieux apprécier le comportement de ces bases en filtration.

Pour mieux refléter les conditions réelles de comportement, il serait avantageux d'appliquer au sol des charges cycliques compatibles avec les charges aux quelles la chaussée est soumise quand elle est sollicitée par le trafic.

Le compactage de la base avant sa mise en place est plus proche du comportement des fondations routières après la mise en place.

Références

AITCIN, P.C., JOLICOEUR, G., MERCIER, M. (1983). Technologie des granulats, Les Éditions du Griffon d'argile inc.

AUSTIN, D.N., MLYNAREK, J. and BLOND, E. (1997). Expanded anti-clogging criteria for woven filtration geotextiles. Proceedings of geosynthetics '97, Long Beach, U.S.A, Industrial Fabrics Association International, USA, vol. 2, 1123-1144.

BUREAU OF PUBLIC ROADS (1962). Aggregate gradation for highways, U.S. Department of commerce.

CHAPUIS, R.P., BAASS, K., DAVENNE, L. (1989). Granular soils in rigid-wall permeameters: method for determining the degree of saturation, Revue Canadienne de Géotechnique, 26, n° 1, pp.71-79.

CHAPUIS, R.P. (1992). Similarity of internal stability for granular soils, Revue Canadienne de Géotechnique, 29, pp. 711-713.

CHAPUIS, R.P., BAASS, K., CONTANT.A. (1996). Migration of fines in 20-0 mm crushed base during placement, compaction, and seepage under laboratory conditions. Canadian Geotechnical Journal, 33,168-177.

CONTANT, A. (1989). Amélioration de la longévité des chaussées souples par l'optimisation des propriétés hydrauliques des agrégats de la fondation. Mémoire de maîtrise, École Polytechnique de Montréal, Canada.

FRANCOEUR, J. (2001). Applicabilité du Rapport des Gradients en conditions d'écoulement alterné pour les systèmes géotextile-sol. Mémoire de maîtrise, École Polytechnique de Montréal, Canada.

HOLTZ, R.D. and KOVACS, W.D. (1991). Introduction à la géotechnique, traduit par Jean Lafleur, Édition de l'École Polytechnique de Montréal, Montréal, Canada.

KENNEY, T. C ET LAU, D. (1985). Internal stability of granular filters, Canadian Geotechnical Journal, 22 (2), 215-225.

KENNEY, T. C ET LAU, D., (1986). Internal stability of granular filters: Reply.
Canadian Geotechnical Journal, 23, 420-423.

137

KEYSER, J.H., AUBIN, R.M., (1975). Évaluation des méthodes de stockage et d'essai d'agrégats, Centre de Développement Technologique, École Polytechnique de Montréal, Canada.

KEZDI, A. (1969). Increase of protective capacity of flood control dikes. (In Hungarian). Department of Geotechnic, Technical University, Budapest, Report N°, 1.

LAFLEUR, J., MLYNAREK, J. and ROLLIN, A.L. (1989). Filtration of Broadly graded cohesion less soils. Journal of Geotechnical Engineering, 115, 17417-1768.

LAFLEUR, J., LEBEAU, M., & SAVARD, Y. (2003). Drainability of Road aggregates related to the use of geosynthetics. Proceedings of the 56th Conference of the Canadian Geotechnical Society, Winnipeg, MB, Sept. 29 –Oct. 1. pp. 2~636 - 2~642.

LAFLEUR, J. (1984). Filter testing of broadly graded cohesionless tills. Canadian Geotechnical Journal, 21 (4), 634-643.

LEATHERWOOD, F.N., and PETERSON, D.F, Jr. (1954). Hydraulic head loss at the interface between uniform sands of different sizes. Transactions, American Geophysical Union, 35, 588-594.

LOBOCHKOV, E.A. (1969). The calculation of suffusion properties of non cohesive soils when using the non suffusion analog. (In Russian.) International Conference on Hydraulic Research, Brno, Czeckoslovakia. Publication of the Technical University of Brno, Svazek B-5, pp. 135-148.

RIDGEWAY, H.H., (1982). Pavement subsurface drainage systems. National Cooperative Highway Research Program, n° 96.

ROLLIN, AL. and LOMBARD, G. (1988). Mechanisms affecting long-term filtration behavior of geotextiles. Geotextiles and Geomembranes, 7, 119-145.

SAKRANI, K. (1991). Étude expérimentale de la filtration des sols à granulométrie étalée. Mémoire de maîtrise, École Polytechnique de Montréal, Canada.

SAVARD, Y. (1996). Développements en drainage des chaussées. Laboratoire des Chaussées, Ministère des transports du Québec (MTQ), 24 p.

SHERARD, J.L. (1979). Sinkholes in dams of coarse, broadly graded soils. Transactions, 13th International Congress on Large Dams, New Delhi, India, Vol. 2, pp. 25-35.

SHERMAN, W.C. (1953). Filter experiments and filter criteria. United States Waterways Experiment Station, Vicksburg, Miss., National Technical Information Service AD 771076.

TERZAGHI, K. (1943). Theoretical soil mechanics. John Wiley and Sons, New York.

TÉTRAULT, M. (1984). Analyse des phénomènes reliés à la filtration des sols à granulométries étalées et régulières. Mémoire de maîtrise, École Polytechnique de Montréal, Canada.

WENDLING, G. (1984). Analyse de la stabilité par autofiltration des sols modélisés à granulométrie étalée. Mémoire de maîtrise, École Polytechnique de Montréal, Canada.

Annexes

LECTURES PIÉZOMÉTRIQUES ET CONMDUCTIVITÉS HYDRAULIQUES DES DIFFRENETES BASES.

A) Base [7-315]-tamis n°100 (essai n°1)

• **Couche 1**

Tableau A-1 : lectures piézomètriques et conductivités hydrauliques de la couche 1 de la base [7-315]-tamis n°100

Manomètre		ΔH	temps (s)	Q (L/s)	i = ΔH/L	T (°C)	K (m/s)	K 20°C
H1	H2							
1,5	15,5	14	600	9,70E-05	2,15	20,70	1,64E-06	1,61E-06
1,5	16	14,5	1200	8,20E-05	2,23	20,60	1,34E-06	1,32E-06
1,5	7,9	6,4	1800	2,00E-05	0,98	20,90	7,40E-07	7,22E-07
1,5	3,2	1,7	2400	1,90E-05	0,26	20,70	2,65E-06	2,59E-06
1,5	4	2,5	3000	1,70E-05	0,38	20,60	1,61E-06	1,58E-06
1,5	4	2,5	3600	1,40E-05	0,38	20,60	1,33E-06	1,30E-06
1,5	4	2,5	4200	1,40E-05	0,38	20,50	1,33E-06	1,31E-06
1,5	4,7	3,2	4800	2,10E-05	0,49	20,50	1,55E-06	1,53E-06
1,5	5,5	4	5400	2,50E-05	0,62	20,30	1,48E-06	1,46E-06
1,5	6	4,5	6000	2,80E-05	0,69	20,30	1,47E-06	1,46E-06
1,5	6	4,5	6600	2,40E-05	0,69	20,40	1,26E-06	1,25E-06
1,5	5	3,5	7200	2,00E-05	0,54	20,40	1,35E-06	1,34E-06
1,5	2	0,5	7800	1,40E-05	0,08	20,30	6,63E-06	6,56E-06
1,5	2,25	0,75	8400	1,40E-05	0,12	20,30	4,42E-06	4,37E-06

• **Couche 2**

Tableau A-2 : lectures piézomètriques et conductivités hydrauliques de la couche 2 de la base [7-315]-tamis n°100

Manomètre		ΔH	temps (s)	Q (L/s)	I = ΔH/L	T (°C)	K m/s)	K 20°C
H1	H2							
15,5	20	4,5	600	9,70E-05	1,13	20,70	3,14E-06	3,08E-06
16	18,5	2,5	1200	8,20E-05	0,63	20,60	4,78E-06	4,70E-06
7,9	12	4,1	1800	2,00E-05	1,03	20,90	7,10E-07	6,93E-07
3,2	5,8	2,6	2400	1,90E-05	0,65	20,70	1,06E-06	1,04E-06
4	6	2	3000	1,70E-05	0,50	20,60	1,24E-06	1,22E-06
4	6	2	3600	1,40E-05	0,50	20,60	1,02E-06	1,00E-06
4	6,5	2,5	4200	1,40E-05	0,63	20,50	8,16E-07	8,04E-07
4,7	7,2	2,5	4800	2,10E-05	0,63	20,50	1,22E-06	1,21E-06
5,5	7,5	2	5400	2,50E-05	0,50	20,30	1,82E-06	1,80E-06
6	7,5	1,5	6000	2,80E-05	0,38	20,30	2,72E-06	2,69E-06
6	7,5	1,5	6600	2,40E-05	0,38	20,40	2,33E-06	2,30E-06
5	7,5	2,5	7200	2,00E-05	0,63	20,40	1,17E-06	1,15E-06
2	3	1	7800	1,40E-05	0,25	20,30	2,04E-06	2,02E-06
2,25	3	0,75	8400	1,40E-05	0,19	20,30	2,72E-06	2,69E-06

• **Couche 3**

Tableau A-3 : lectures piézomètriques et conductivités hydrauliques de la couche 3 de la base [7-315]-tamis n°100

Manomètre	ΔH	temps (s)	Q (L/s)	i = ΔH/L	T (°C)	K m/s)	K 20°C

H1	H2							
20	30,05	10,05	600	9,70E-05	2,01	20,70	1,76E-06	1,72E-06
18,5	27,7	9,2	1200	8,20E-05	1,84	20,60	1,62E-06	1,60E-06
12	17	5	1800	2,00E-05	1,00	20,90	7,28E-07	7,11E-07
5,8	6,5	0,7	2400	1,90E-05	0,14	20,70	4,94E-06	4,85E-06
6	7	1	3000	1,70E-05	0,20	20,60	3,09E-06	3,04E-06
6	7	1	3600	1,40E-05	0,20	20,60	2,55E-06	2,51E-06
6,5	7	0,5	4200	1,40E-05	0,10	20,50	5,10E-06	5,02E-06
7,2	7,85	0,65	4800	2,10E-05	0,13	20,50	5,88E-06	5,80E-06
7,5	9,5	2	5400	2,50E-05	0,40	20,30	2,28E-06	2,25E-06
7,5	10,3	2,8	6000	2,80E-05	0,56	20,30	1,82E-06	1,80E-06
7,5	10	2,5	6600	2,40E-05	0,50	20,40	1,75E-06	1,73E-06
7,5	7,6	0,1	7200	2,00E-05	0,02	20,40	3,64E-05	3,60E-05
3	7,1	4,1	7800	1,40E-05	0,82	20,30	6,22E-07	6,15E-07
3	7,1	4,1	8400	1,40E-05	0,82	20,30	6,22E-07	6,15E-07

Couche 4

Tableau A-4 : lectures piézomètriques et conductivités hydrauliques de la couche 4 de la base [7-315]-tamis n°100

Manomètre		ΔH	temps (s)	Q (L/s)	i = ΔH/L	T (°C)	K (m/s)	K 20°C
H1	H2							
30,05	46	15,95	600	9,70E-05	3,19	20,70	1,11E-06	1,09E-06
27,7	42	14,3	1200	8,20E-05	2,86	20,60	1,04E-06	1,03E-06
17	42	25	1800	2,00E-05	5,00	20,90	1,46E-07	1,42E-07
6,5	14,3	7,8	2400	1,90E-05	1,56	20,70	4,43E-07	4,35E-07
7	12	5	3000	1,70E-05	1,00	20,60	6,19E-07	6,08E-07
7	11	4	3600	1,40E-05	0,80	20,60	6,37E-07	6,26E-07
7	10,5	3,5	4200	1,40E-05	0,70	20,50	7,28E-07	7,18E-07
7,85	11	3,15	4800	2,10E-05	0,63	20,50	1,21E-06	1,20E-06
9,5	13	3,5	5400	2,50E-05	0,70	20,30	1,30E-06	1,29E-06
10,3	15	4,7	6000	2,80E-05	0,94	20,30	1,08E-06	1,07E-06
10	15,3	5,3	6600	2,40E-05	1,06	20,40	8,24E-07	8,14E-07
7,6	12,3	4,7	7200	2,00E-05	0,94	20,40	7,75E-07	7,65E-07
7,1	11,3	4,2	7800	1,40E-05	0,84	20,30	6,07E-07	6,01E-07
7,1	8,5	1,4	8400	1,40E-05	0,28	20,30	1,82E-06	1,80E-06

B) Base [7-5]-tamis n°50 (essai n°2)

* Couche 1

Tableau B-1 : lectures piézomètriques et conductivités hydrauliques de la couche 1 de la base [7-5]-tamis n°50

Manomètre		ΔH	temps (s)	Q (L/s)	i = ΔH/L	T (°C)	K (cm/s)	K 20°C
H1	H2							
1,5	2,5	1	600	8,00E-03	0,15	22,50	1,89E-03	1,78E-03
1,5	1,6	0,1	1200	8,00E-03	0,02	22,20	1,89E-02	1,79E-02
1,5	2	0,5	1800	8,00E-03	0,08	22,40	3,79E-03	3,57E-03
1,5	2	0,5	2400	8,00E-03	0,08	22,40	3,79E-03	3,57E-03
1,5	11,2	9,7	3000	6,70E-03	1,49	22,30	1,63E-04	1,55E-04
1,5	13,5	12	3600	6,40E-03	1,85	22,20	1,26E-04	1,20E-04
1,5	13,5	12	4200	6,70E-03	1,85	22,30	1,32E-04	1,25E-04
1,5	13	11,5	4800	6,70E-03	1,77	22,20	1,38E-04	1,31E-04
1,5	13	11,5	5400	6,70E-03	1,77	22,20	1,38E-04	1,31E-04
1,5	12,9	11,4	6000	6,50E-03	1,75	22,20	1,35E-04	1,28E-04
1,5	13	11,5	6600	6,50E-03	1,77	22,20	1,34E-04	1,27E-04
1,5	13	11,5	7200	6,50E-03	1,77	22,10	1,34E-04	1,27E-04
1,5	13	11,5	7800	6,50E-03	1,77	22,00	1,34E-04	1,27E-04
1,5	13	11,5	8400	6,50E-03	1,77	22,00	1,34E-04	1,27E-04

• **Couche 2**

Tableau B-2 : lectures piézomètriques et conductivités hydrauliques de la couche 2 de la base [7-5]-tamis n°50

Manomètre		Δ H	temps (s)	Q (L/s)	i = ΔH/L	T (°C)	K (cm/s)	K 20°C
H1	H2							
2,5	21,5	19	600	8,00E-03	4,75	22,50	6,13E-05	5,77E-05
1,6	20,5	18,9	1200	8,00E-03	4,73	22,20	6,16E-05	5,84E-05
2	18,6	16,6	1800	8,00E-03	4,15	22,40	7,02E-05	6,62E-05
2	24,5	22,5	2400	8,00E-03	5,63	22,40	5,18E-05	4,88E-05
11,2	21,5	10,3	3000	6,70E-03	2,58	22,30	9,47E-05	8,96E-05
13,5	20	6,5	3600	6,40E-03	1,63	22,20	1,43E-04	1,36E-04
13,5	19	5,5	4200	6,70E-03	1,38	22,30	1,77E-04	1,68E-04
13	17,5	4,5	4800	6,70E-03	1,13	22,20	2,17E-04	2,05E-04
13	18	5	5400	6,70E-03	1,25	22,20	1,95E-04	1,85E-04
12,9	18	5,1	6000	6,50E-03	1,28	22,20	1,86E-04	1,76E-04
13	18	5	6600	6,50E-03	1,25	22,20	1,89E-04	1,79E-04
13	18	5	7200	6,50E-03	1,25	22,10	1,89E-04	1,80E-04
13	18	5	7800	6,50E-03	1,25	22,00	1,89E-04	1,80E-04
13	17,6	4,6	8400	6,50E-03	1,15	22,00	2,06E-04	1,96E-04

- **Couche 3**

Tableau B-3 : lectures piézomètriques et conductivités hydrauliques de la couche 3 de la base [7-5]-tamis n°50

Manomètre		ΔH	temps (s)	Q (L/s)	i = ΔH/L	T (°C)	K (cm/s)	K 20°C
H1	H2							
21,5	31,5	10	600	8,00E-03	2,00	22,50	1,46E-04	1,37E-04
20,5	32,5	12	1200	8,00E-03	2,40	22,20	1,21E-04	1,15E-04
18,6	35,5	16,9	1800	8,00E-03	3,38	22,40	8,62E-05	8,13E-05
24,5	36	11,5	2400	8,00E-03	2,30	22,40	1,27E-04	1,19E-04
21,5	33,5	12	3000	6,70E-03	2,40	22,30	1,02E-04	9,61E-05
20	32	12	3600	6,40E-03	2,40	22,20	9,71E-05	9,20E-05
19	31,5	12,5	4200	6,70E-03	2,50	22,30	9,76E-05	9,22E-05
17,5	31	13,5	4800	6,70E-03	2,70	22,20	9,04E-05	8,56E-05
18	31	13	5400	6,70E-03	2,60	22,20	9,38E-05	8,89E-05
18	31	13	6000	6,50E-03	2,60	22,20	9,10E-05	8,62E-05
18	31	13	6600	6,50E-03	2,60	22,20	9,10E-05	8,62E-05
18	31	13	7200	6,50E-03	2,60	22,10	9,10E-05	8,64E-05
18	31	13	7800	6,50E-03	2,60	22,00	9,10E-05	8,66E-05
17,6	31	13,4	8400	6,50E-03	2,68	22,00	8,83E-05	8,41E-05

- **Couche 3**

Tableau B-4 : lectures piézomètriques et conductivités hydrauliques de la couche 4 de la base [7-5]-tamis n°50

Manomètre		ΔH	temps (s)	Q (L/s)	i = ΔH/L	T (°C)	K (cm/s)	K 20°C
H1	H2							
31,5	48	16,5	600	8,00E-03	3,30	22,50	8,83E-05	8,31E-05
32,5	45	12,5	1200	8,00E-03	2,50	22,20	1,17E-04	1,10E-04
35,5	44,5	9	1800	8,00E-03	1,80	22,40	1,62E-04	1,53E-04
36	45	9	2400	8,00E-03	1,80	22,40	1,62E-04	1,53E-04
33,5	41,5	8	3000	6,70E-03	1,60	22,30	1,52E-04	1,44E-04
32	39,5	7,5	3600	6,40E-03	1,50	22,20	1,55E-04	1,47E-04
31,5	38,3	6,8	4200	6,70E-03	1,36	22,30	1,79E-04	1,70E-04
31	37,5	6,5	4800	6,70E-03	1,30	22,20	1,88E-04	1,78E-04
31	37,5	6,5	5400	6,70E-03	1,30	22,20	1,88E-04	1,78E-04
31	37,2	6,2	6000	6,50E-03	1,24	22,20	1,91E-04	1,81E-04
31	37	6	6600	6,50E-03	1,20	22,20	1,97E-04	1,87E-04
31	37	6	7200	6,50E-03	1,20	22,10	1,97E-04	1,87E-04
31	37	6	7800	6,50E-03	1,20	22,00	1,97E-04	1,88E-04
31	37	6	8400	6,50E-03	1,20	22,00	1,97E-04	1,88E-04

- **Couche 5**

Tableau B-5 : lectures piézomètriques et conductivités hydrauliques de la couche 5 de la base [7-5]-tamis n°50

Manomètre		ΔH	temps (s)	Q (L/s)	i = ΔH/L	T (°C)	K (cm/s)	K 20°C
H1	H2							
48	52,5	4,5	600	8,00E-03	1,29	22,50	2,27E-04	2,13E-04
45	49,5	4,5	1200	8,00E-03	1,29	22,20	2,27E-04	2,15E-04
44,5	50	5,5	1800	8,00E-03	1,57	22,40	1,85E-04	1,75E-04
45	50	5	2400	8,00E-03	1,43	22,40	2,04E-04	1,92E-04
41,5	44	2,5	3000	6,70E-03	0,71	22,30	3,42E-04	3,23E-04
39,5	42,2	2,7	3600	6,40E-03	0,77	22,20	3,02E-04	2,86E-04
38,3	41,5	3,2	4200	6,70E-03	0,91	22,30	2,67E-04	2,52E-04
37,5	40,5	3	4800	6,70E-03	0,86	22,20	2,85E-04	2,70E-04
37,5	42	4,5	5400	6,70E-03	1,29	22,20	1,90E-04	1,80E-04
37,2	41	3,8	6000	6,50E-03	1,09	22,20	2,18E-04	2,07E-04
37	41,5	4,5	6600	6,50E-03	1,29	22,20	1,84E-04	1,74E-04
37	41,5	4,5	7200	6,50E-03	1,29	22,10	1,84E-04	1,75E-04
37	41,5	4,5	7800	6,50E-03	1,29	22,00	1,84E-04	1,75E-04
37	41,2	4,2	8400	6,50E-03	0,84	22,00	2,82E-04	2,68E-04

C) Base [7-28]-tamis n°30 (essai n°3)

- **Couche 1**

Tableau C-1 : lectures piézomètriques et conductivités hydrauliques de la couche 1 de la base [7-28]-tamis n°30

Manomètre		ΔH	temps (s)	Q (L/s)	i = ΔH/ L	T (°C)	K (cm/s)	K 20°C
H1	H2							
1,5	44	42,5	600	7,70E-03	6,54	23,40	4,29E-05	3,96E-05
1,5	44	42,5	1200	8,00E-03	6,54	23,20	4,46E-05	4,13E-05
1,5	42,4	40,9	1800	7,30E-03	6,29	23,10	4,22E-05	3,92E-05
1,5	42	40,5	2400	7,30E-03	6,23	23,10	4,27E-05	3,96E-05
1,5	43	41,5	3000	7,30E-03	6,38	23,10	4,16E-05	3,87E-05
1,5	42,2	40,7	3600	7,30E-03	6,26	22,80	4,25E-05	3,97E-05
1,5	41,5	40	4200	6,70E-03	6,15	22,80	3,96E-05	3,71E-05
1,5	40,5	39	4800	5,30E-03	6,00	22,80	3,22E-05	3,01E-05
1,5	40,5	39	5400	5,30E-03	6,00	22,90	3,22E-05	3,00E-05
1,5	41	39,5	6000	6,00E-03	6,08	22,80	3,60E-05	3,36E-05
1,5	41	39,5	6600	6,10E-03	6,08	22,70	3,65E-05	3,42E-05
1,5	41	39,5	7200	6,00E-03	6,08	22,60	3,60E-05	3,38E-05
1,5	41,5	40	7800	6,00E-03	6,15	22,80	3,55E-05	3,32E-05
1,5	42	40,5	8400	6,00E-03	6,23	22,80	3,51E-05	3,28E-05
1,5	42,5	41	9000	6,00E-03	6,31	22,70	3,46E-05	3,24E-05
1,5	54,2	52,7	9600	6,00E-03	8,11	22,60	2,69E-05	2,53E-05
1,5	54	52,5	10200	6,00E-03	8,08	22,70	2,70E-05	2,53E-05

- **Couche 2**

Tableau C-2 : lectures piézomètriques et conductivités hydrauliques de
la couche 2 de la base [7-28]-tamis n°30

Manomètre		ΔH	temps (s)	Q (L/s)	i = ΔH/L	T (°C)	K (cm/s)	K 20°C
H1	H2							
44	73	29	600	7,70E-03	7,25	23,40	3,87E-05	3,57E-05
44	77	33	1200	8,00E-03	8,25	23,20	3,53E-05	3,27E-05
42,4	75,5	33,1	1800	7,30E-03	8,28	23,10	3,21E-05	2,98E-05
42	74,8	32,8	2400	7,30E-03	8,20	23,10	3,24E-05	3,01E-05
43	75,9	32,9	3000	7,30E-03	8,23	23,10	3,23E-05	3,00E-05
42,2	75,4	33,2	3600	7,30E-03	8,30	22,80	3,20E-05	2,99E-05
41,5	73	31,5	4200	6,70E-03	7,88	22,80	3,10E-05	2,90E-05
40,5	71,2	30,7	4800	5,30E-03	7,68	22,80	2,51E-05	2,35E-05
40,5	71	30,5	5400	5,30E-03	7,63	22,90	2,53E-05	2,36E-05
41	72,5	31,5	6000	6,00E-03	7,88	22,80	2,77E-05	2,59E-05
41	74	33	6600	6,10E-03	8,25	22,70	2,69E-05	2,52E-05
41	76,5	35,5	7200	6,00E-03	8,88	22,60	2,46E-05	2,31E-05
41,5	78,5	37	7800	6,00E-03	9,25	22,80	2,36E-05	2,21E-05
42	80,5	38,5	8400	6,00E-03	9,63	22,80	2,27E-05	2,12E-05
42,5	82,5	40	9000	6,00E-03	10,00	22,70	2,18E-05	2,05E-05
54,2	81	26,8	9600	6,00E-03	6,70	22,60	3,26E-05	3,06E-05
54	81,5	27,5	10200	6,00E-03	6,88	22,70	3,18E-05	2,98E-05

- **Couche 3**

Tableau C-3: lectures piézomètriques et conductivités hydrauliques de la couche 3 de la base [7-28]-tamis n°30

Manomètre		ΔH	temps (s)	Q (L/s)	i = ΔH/L	T (°C)	K (cm/s)	K 20°C
H1	H2							
73	93	20	600	7,70E-03	4,00	23,40	7,01E-05	6,47E-05
77	110	33	1200	8,00E-03	6,60	23,20	4,41E-05	4,09E-05
75,5	112	36,5	1800	7,30E-03	7,30	23,10	3,64E-05	3,38E-05
74,8	112,5	37,7	2400	7,30E-03	7,54	23,10	3,53E-05	3,27E-05
75,9	117	41,1	3000	7,30E-03	8,22	23,10	3,23E-05	3,00E-05
75,4	116,4	41	3600	7,30E-03	8,20	22,80	3,24E-05	3,03E-05
73	114	41	4200	6,70E-03	8,20	22,80	2,98E-05	2,78E-05
71,2	110	38,8	4800	5,30E-03	7,76	22,80	2,49E-05	2,32E-05
71	110	39	5400	5,30E-03	7,80	22,90	2,47E-05	2,31E-05
72,5	112,2	39,7	6000	6,00E-03	7,94	22,80	2,75E-05	2,57E-05
74	113,5	39,5	6600	6,10E-03	7,90	22,70	2,81E-05	2,63E-05
76,5	115,5	39	7200	6,00E-03	7,80	22,60	2,80E-05	2,63E-05
78,5	118,5	40	7800	6,00E-03	8,00	22,80	2,73E-05	2,55E-05
80,5	121	40,5	8400	6,00E-03	8,10	22,80	2,70E-05	2,52E-05
82,5	123,5	41	9000	6,00E-03	8,20	22,70	2,66E-05	2,50E-05
81	126,7	45,7	9600	6,00E-03	9,14	22,60	2,39E-05	2,24E-05
81,5	128	46,5	10200	6,00E-03	9,30	22,70	2,35E-05	2,20E-05

• **Couche 4**

Tableau C-4 : lectures piézomètriques et conductivités hydrauliques de la couche 4 de la base [7-28]-tamis n°30

Manomètre		ΔH	temps (s)	Q (L/s)	i = ΔH/L	T (°C)	K (cm/s)	K 20°C
H1	H2							
93	123	30	600	7,70E-03	6,00	23,40	4,67E-05	4,31E-05
110	139	29	1200	8,00E-03	5,80	23,20	5,02E-05	4,65E-05
112	139	27	1800	7,30E-03	5,40	23,10	4,92E-05	4,57E-05
112,5	139,5	27	2400	7,30E-03	5,40	23,10	4,92E-05	4,57E-05
117	141,3	24,3	3000	7,30E-03	4,86	23,10	5,47E-05	5,08E-05
116,4	141	24,6	3600	7,30E-03	4,92	22,80	5,40E-05	5,05E-05
114	141	27	4200	6,70E-03	5,40	22,80	4,52E-05	4,22E-05
110	128	18	4800	5,30E-03	3,60	22,80	5,36E-05	5,01E-05
110	129	19	5400	5,30E-03	3,80	22,90	5,08E-05	4,74E-05
112,2	131	18,8	6000	6,00E-03	3,76	22,80	5,81E-05	5,43E-05
113,5	134	20,5	6600	6,10E-03	4,10	22,70	5,42E-05	5,08E-05
115,5	136	20,5	7200	6,00E-03	4,10	22,60	5,33E-05	5,00E-05
118,5	139,5	21	7800	6,00E-03	4,20	22,80	5,20E-05	4,86E-05
121	141,4	20,4	8400	6,00E-03	4,08	22,80	5,35E-05	5,01E-05
123,5	144	20,5	9000	6,00E-03	4,10	22,70	5,33E-05	4,99E-05
126,7	148	21,3	9600	6,00E-03	4,26	22,60	5,13E-05	4,82E-05
128	149,5	21,5	10200	6,00E-03	4,30	22,70	5,08E-05	4,76E-05

• **Couche 5**

Tableau C-5 : lectures piézométriques et conductivités hydrauliques de la couche 5 de la base [7-28]-tamis n°30

Manomètre		ΔH	temps (s)	Q (L/s)	i = ΔH/ L	T (°C)	K (cm/s)	K 20°C
H1	H2							
123	142,5	19,5	600	7,70E-03	5,57	23,40	5,03E-05	4,64E-05
139	145	6	1200	8,00E-03	1,71	23,20	1,70E-04	1,57E-04
139	141,5	2,5	1800	7,30E-03	0,71	23,10	3,72E-04	3,46E-04
139,5	142,5	3	2400	7,30E-03	0,86	23,10	3,10E-04	2,88E-04
141,3	145	3,7	3000	7,30E-03	1,06	23,10	2,51E-04	2,33E-04
141	142	1	3600	7,30E-03	0,29	22,80	9,30E-04	8,70E-04
141	142	1	4200	6,70E-03	0,29	22,80	8,54E-04	7,98E-04
128	134,5	6,5	4800	5,30E-03	1,86	22,80	1,04E-04	9,71E-05
129	133	4	5400	5,30E-03	1,14	22,90	1,69E-04	1,57E-04
131	136	5	6000	6,00E-03	1,43	22,80	1,53E-04	1,43E-04
134	137,5	3,5	6600	6,10E-03	1,00	22,70	2,22E-04	2,08E-04
136	140	4	7200	6,00E-03	1,14	22,60	1,91E-04	1,79E-04
139,5	142,5	3	7800	6,00E-03	0,86	22,80	2,55E-04	2,38E-04
141,4	144,5	3,1	8400	6,00E-03	0,89	22,80	2,47E-04	2,31E-04
144	147	3	9000	6,00E-03	0,86	22,70	2,55E-04	2,39E-04
148	152	4	9600	6,00E-03	1,14	22,60	1,91E-04	1,79E-04

149,5	152,5	3	1020 0	6,00E-03	0,86	22,70	2,55E-04	2,39E-04

D) Base [15-5]-tamis n°08 (essai n°4)

- ## Couche 1

Tableau D-1 : Lectures piézomètriques et conductivités hydrauliques de la couche 1 de la base [15-5]-tamis n°08

Manomètre		ΔH	temps (s)	Q (L/s)	i = ΔH/L	T (°C)	K (cm/s)	K 20°C
H1	H2							
0,25	55	54,75	600	24	8,42	19,00	1,04E-01	1,06E-01
0,25	57	56,75	1200	13,32	8,73	18,10	5,56E-02	5,80E-02
0,25	58	57,75	1800	12,13	8,88	17,70	4,97E-02	5,24E-02
0,25	58,5	58,25	2400	12,12	8,96	17,00	4,92E-02	5,29E-02
0,25	59,1	58,85	3000	11,58	9,05	16,60	4,66E-02	5,06E-02
0,25	60	59,75	3600	11,47	9,19	18,90	4,54E-02	4,65E-02
0,25	61,2	60,95	4200	11,34	9,38	21,20	4,40E-02	4,27E-02
0,25	63	62,75	4800	11,27	9,65	20,70	4,25E-02	4,17E-02
0,25	65,2	64,95	5400	11,18	9,99	21,20	4,07E-02	3,95E-02
0,25	66	65,75	6000	11,05	10,12	21,50	3,98E-02	3,83E-02
0,25	66,1	65,85	6600	10,79	10,13	20,10	3,88E-02	3,86E-02
0,25	66,3	66,05	7200	10,39	10,16	20,00	3,72E-02	3,71E-02
0,25	66,6	66,35	7800	10,1	10,21	20,00	3,60E-02	3,59E-02
0,25	67	66,75	8400	10,27	10,27	20,00	3,64E-02	3,63E-02

- **Couche 2**

Tableau D-2 : lectures piézomètriques et conductivités hydrauliques de la couche 2 de la base [15-5]-tamis n°08

Manomètre		ΔH	temps (s)	Q (L/s)	i = ΔH/L	T (°C)	K (cm/s)	K 20°C
H1	H2							
55	71,5	16,5	600	24	4,13	19,00	2,12E-01	2,16E-01
57	74,6	17,6	1200	13,32	4,40	18,10	1,10E-01	1,15E-01
58	75	17	1800	12,13	4,25	17,70	1,04E-01	1,10E-01
58,5	76,2	17,7	2400	12,12	4,43	17,00	9,97E-02	1,07E-01
59,1	77	17,9	3000	11,58	4,48	16,60	9,42E-02	1,02E-01
60	78,4	18,4	3600	11,47	4,60	18,90	9,08E-02	9,30E-02
61,2	81,6	20,4	4200	11,34	5,10	21,20	8,10E-02	7,85E-02
63	84,5	21,5	4800	11,27	5,38	20,70	7,63E-02	7,49E-02
65,2	87,5	22,3	5400	11,18	5,58	21,20	7,30E-02	7,08E-02
66	89,3	23,3	6000	11,05	5,83	21,50	6,91E-02	6,65E-02
66,1	92,2	26,1	6600	10,79	6,53	20,10	6,02E-02	5,99E-02
66,3	93	26,7	7200	10,39	6,68	20,00	5,67E-02	5,65E-02
66,6	93,8	27,2	7800	10,1	6,80	20,00	5,41E-02	5,39E-02
67	94	27	8400	10,27	6,75	20,00	5,54E-02	5,52E-02

• **Couche 3**

Tableau D-3: lectures piézomètriques et conductivités hydrauliques de la couche 3 de la base [15-5]-tamis n°08

Manomètre		ΔH	temps (s)	Q (L/s)	i = ΔH/L	T (°C)	K (cm/s)	K 20°C
H1	H2							
71,5	99	27,5	600	24	5,50	19,00	1,59E-01	1,62E-01
74,6	117,5	42,9	1200	13,32	8,58	18,10	5,65E-02	5,90E-02
75	121,5	46,5	1800	12,13	9,30	17,70	4,75E-02	5,01E-02
76,2	125	48,8	2400	12,12	9,76	17,00	4,52E-02	4,86E-02
77	127,7	50,7	3000	11,58	10,14	16,60	4,16E-02	4,51E-02
78,4	129,5	51,1	3600	11,47	10,22	18,90	4,09E-02	4,18E-02
81,6	130,4	48,8	4200	11,34	9,76	21,20	4,23E-02	4,10E-02
84,5	131	46,5	4800	11,27	9,30	20,70	4,41E-02	4,33E-02
87,5	134,2	46,7	5400	11,18	9,34	21,20	4,36E-02	4,22E-02
89,3	137	47,7	6000	11,05	9,54	21,50	4,22E-02	4,06E-02
92,2	139	46,8	6600	10,79	9,36	20,10	4,20E-02	4,17E-02
93	140,5	47,5	7200	10,39	9,50	20,00	3,98E-02	3,97E-02
93,8	143,5	49,7	7800	10,1	9,94	20,00	3,70E-02	3,69E-02
94	145	51	8400	10,27	10,20	20,00	3,67E-02	3,66E-02

- **Couche 4**

Tableau D-4 : lectures piézomètriques et conductivités hydrauliques de la couche 4 de la base [15-5]-tamis n°08

Manomètre		ΔH	temps (s)	Q (L/s)	i = ΔH/L	T (°C)	K (cm/s)	K 20°C
H1	H2							
99	124	25	600	24	5,00	19,00	1,75E-01	1,79E-01
117,5	131,5	14	1200	13,32	2,80	18,10	1,73E-01	1,81E-01
121,5	135	13,5	1800	12,13	2,70	17,70	1,64E-01	1,73E-01
125	138,5	13,5	2400	12,12	2,70	17,00	1,63E-01	1,76E-01
127,7	144	16,3	3000	11,58	3,26	16,60	1,29E-01	1,40E-01
129,5	147,5	18	3600	11,47	3,60	18,90	1,16E-01	1,19E-01
130,4	143,2	12,8	4200	11,34	2,56	21,20	1,61E-01	1,56E-01
131	148	17	4800	11,27	3,40	20,70	1,21E-01	1,18E-01
134,2	150	15,8	5400	11,18	3,16	21,20	1,29E-01	1,25E-01
137	150,5	13,5	6000	11,05	2,70	21,50	1,49E-01	1,43E-01
139	152,5	13,5	6600	10,79	2,70	20,10	1,46E-01	1,45E-01
140,5	153,7	13,2	7200	10,39	2,64	20,00	1,43E-01	1,43E-01
143,5	157,5	14	7800	10,1	2,80	20,00	1,31E-01	1,31E-01
145	158,5	13,5	8400	10,27	2,70	20,00	1,38E-01	1,38E-01

E) Base [15-28]-tamis n°04 (essai n°5)

• Couche 1

Tableau E-1 : lectures piézomètriques et conductivités hydrauliques de la couche 1 de la base [15-28]-tamis n°04

Manomètre		ΔH	temps (s)	Q (L/s)	i = ΔH/L	T (°C)	K (cm/s)	K 20°C
H1	H2							
1,5	2	0,5	600	1,22E-01	0,08	20,30	5,77E-02	5,72E-02
1,5	2,5	1	1200	1,37E-01	0,15	18,80	3,24E-02	3,33E-02
1,5	3	1,5	1800	1,33E-01	0,23	11,50	2,10E-02	2,64E-02
1,5	1,7	0,2	2400	3,00E-03	0,03	10,50	3,55E-03	4,63E-03
1,5	2	0,5	3000	3,20E-02	0,08	10,40	1,51E-02	1,98E-02
1,5	2	0,5	3600	2,90E-02	0,08	9,40	1,37E-02	1,86E-02
1,5	2	0,5	4200	2,50E-02	0,08	11,00	1,18E-02	1,52E-02
1,5	2	0,5	4800	2,40E-02	0,08	12,10	1,14E-02	1,40E-02
1,5	2	0,5	5400	2,50E-02	0,08	13,50	1,18E-02	1,40E-02
1,5	2	0,5	6000	2,50E-02	0,08	14,80	1,18E-02	1,35E-02
1,5	2	0,5	6600	2,40E-02	0,08	14,00	1,14E-02	1,33E-02
1,5	2,1	0,6	7200	2,40E-02	0,09	15,00	9,47E-03	1,07E-02
1,5	2,2	0,7	7800	2,40E-02	0,11	17,90	8,11E-03	8,52E-03
1,5	2,2	0,7	8400	2,40E-02	0,11	19,30	8,11E-03	8,23E-03
1,5	2,21	0,71	10200	2,40E-02	0,11	20,00	8,00E-03	7,98E-03

• **Couche 2**

Tableau E-2 : lectures piézomètriques et conductivités hydrauliques de la couche 2 de la base [15-28]-tamis n°04

Manomètre		ΔH	temps (s)	Q (L/s)	i = ΔH/L	T (°C)	K (cm/s)	K 20°C
H1	H2							
2	3	1	600	1,22E-01	0,25	20,30	1,78E-02	1,76E-02
2,5	3	0,5	1200	1,37E-01	0,13	18,80	3,99E-02	4,10E-02
3	3,5	0,5	1800	1,33E-01	0,13	11,50	3,87E-02	4,88E-02
1,7	2	0,3	2400	3,00E-03	0,08	10,50	1,46E-03	1,90E-03
2	2,5	0,5	3000	3,20E-02	0,13	10,40	9,32E-03	1,22E-02
2	2,7	0,7	3600	2,90E-02	0,18	9,40	6,03E-03	8,18E-03
2	2,7	0,7	4200	2,50E-02	0,18	11,00	5,20E-03	6,66E-03
2	2,4	0,4	4800	2,40E-02	0,10	12,10	8,74E-03	1,08E-02
2	2,4	0,4	5400	2,50E-02	0,10	13,50	9,10E-03	1,08E-02
2	2,4	0,4	6000	2,50E-02	0,10	14,80	9,10E-03	1,04E-02
2	2,3	0,3	6600	2,40E-02	0,08	14,00	1,17E-02	1,36E-02
2,1	2,4	0,3	7200	2,40E-02	0,08	15,00	1,17E-02	1,32E-02
2,2	2,4	0,2	7800	2,40E-02	0,05	17,90	1,75E-02	1,83E-02
2,2	2,4	0,2	8400	2,40E-02	0,05	19,30	1,75E-02	1,77E-02
2,21	2,42	0,21	10200	2,40E-02	0,05	20,00	1,66E-02	1,66E-02

- **Couche 3**

Tableau E-3 : lectures piézomètriques et conductivités hydrauliques de la couche 3 de la base [15-28]-tamis n°04

Manomètre		ΔH	temps (s)	Q (L/s)	i = ΔH/L	T (°C)	K (cm/s)	K 20°C
H1	H2							
3	4	1	600	1,22E-01	0,20	20,30	2,22E-02	2,20E-02
3	4	1	1200	1,37E-01	0,20	18,80	2,49E-02	2,56E-02
3,5	5	1,5	1800	1,33E-01	0,30	11,50	1,61E-02	2,03E-02
2	2,15	0,15	2400	3,00E-03	0,03	10,50	3,64E-03	4,74E-03
2,5	2,7	0,2	3000	3,20E-02	0,04	10,40	2,91E-02	3,81E-02
2,7	2,8	0,1	3600	2,90E-02	0,02	9,40	5,28E-02	7,16E-02
2,7	2,8	0,1	4200	2,50E-02	0,02	11,00	4,55E-02	5,83E-02
2,4	2,7	0,3	4800	2,40E-02	0,06	12,10	1,46E-02	1,80E-02
2,4	3	0,6	5400	2,50E-02	0,12	13,50	7,59E-03	8,98E-03
2,4	2,8	0,4	6000	2,50E-02	0,08	14,80	1,14E-02	1,30E-02
2,3	2,85	0,55	6600	2,40E-02	0,11	14,00	7,94E-03	9,27E-03
2,4	2,8	0,4	7200	2,40E-02	0,08	15,00	1,09E-02	1,24E-02
2,4	2,8	0,4	7800	2,40E-02	0,08	17,90	1,09E-02	1,15E-02
2,4	2,8	0,4	8400	2,40E-02	0,08	19,30	1,09E-02	1,11E-02
2,42	2,81	0,39	10200	2,40E-02	0,08	20,00	1,12E-02	1,12E-02

• **Couche 4**

Tableau E-4 : lectures piézomètriques et conductivités hydrauliques de la couche 4 de la base [15-28]-tamis n°04

Manomètre		ΔH	temps (s)	Q (L/s)	i = ΔH/L	T (°C)	K (cm/s)	K 20°C
H1	H2							
4	5	1	600	1,22E-01	0,20	20,30	2,22E-02	2,20E-02
4	5	1	1200	1,37E-01	0,20	18,80	2,49E-02	2,56E-02
5	6	1	1800	1,33E-01	0,20	11,50	2,42E-02	3,05E-02
2,15	3	0,85	2400	3,00E-03	0,17	10,50	6,43E-04	8,37E-04
2,7	3	0,3	3000	3,20E-02	0,06	10,40	1,94E-02	2,54E-02
2,8	3	0,2	3600	2,90E-02	0,04	9,40	2,64E-02	3,58E-02
2,8	3	0,2	4200	2,50E-02	0,04	11,00	2,28E-02	2,92E-02
2,7	3	0,3	4800	2,40E-02	0,06	12,10	1,46E-02	1,80E-02
3	3,5	0,5	5400	2,50E-02	0,10	13,50	9,10E-03	1,08E-02
2,8	3	0,2	6000	2,50E-02	0,04	14,80	2,28E-02	2,59E-02
2,85	3,1	0,25	6600	2,40E-02	0,05	14,00	1,75E-02	2,04E-02
2,8	3	0,2	7200	2,40E-02	0,04	15,00	2,18E-02	2,48E-02
2,8	3	0,2	7800	2,40E-02	0,04	17,90	2,18E-02	2,29E-02
2,8	3	0,2	8400	2,40E-02	0,04	19,30	2,18E-02	2,22E-02
2,81	3,1	0,29	10200	2,40E-02	0,06	20,00	1,51E-02	1,50E-02

- **Couche 5**

Tableau E-5 : lectures piézomètriques et conductivités hydrauliques de la couche 5 de la base [15-28]-tamis n°04

Manomètre		ΔH	temps (s)	Q (L/s)	i = ΔH/L	T (°C)	K (cm/s)	K 20°C
H1	H2							
5	9	4	600	1,22E-01	1,14	20,30	3,89E-03	3,85E-03
5	9	4	1200	1,37E-01	1,14	18,80	4,36E-03	4,48E-03
6	9,1	3,1	1800	1,33E-01	0,89	11,50	5,47E-03	6,89E-03
3	9	6	2400	3,00E-03	1,71	10,50	6,37E-05	8,30E-05
3	9	6	3000	3,20E-02	1,71	10,40	6,80E-04	8,89E-04
3	8,8	5,8	3600	2,90E-02	1,66	9,40	6,37E-04	8,64E-04
3	8,8	5,8	4200	2,50E-02	1,66	11,00	5,49E-04	7,04E-04
3	13,5	10,5	4800	2,40E-02	3,00	12,10	2,91E-04	3,60E-04
3,5	8,6	5,1	5400	2,50E-02	1,46	13,50	6,25E-04	7,39E-04
3	8,4	5,4	6000	2,50E-02	1,54	14,80	5,90E-04	6,73E-04
3,1	8,5	5,4	6600	2,40E-02	1,54	14,00	5,66E-04	6,61E-04
3	8,5	5,5	7200	2,40E-02	1,57	15,00	5,56E-04	6,30E-04
3	8,5	5,5	7800	2,40E-02	1,57	17,90	5,56E-04	5,84E-04
3	8,45	5,45	8400	2,40E-02	1,56	19,30	5,61E-04	5,69E-04
3,1	8,4	5,3	10200	2,40E-02	1,51	20,00	5,77E-04	5,75E-04

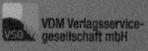

Zeitfracht Medien GmbH
Ferdinand-Jühlke-Straße 7
99095 Erfurt, Deutschland
produktsicherheit@kolibri360.de

Druck:
CPI Druckdienstleistungen GmbH
im Auftrag der
Zeitfracht Medien GmbH
Ein Unternehmen der Zeitfracht - Gruppe
Ferdinand-Jühlke-Str. 7
99095 Erfurt